ESSAI

SUR

LA MÉTHODE DIRECTE

DU

CALCUL INTÉGRAL;

PAR M. SIMONOFF,

PROFESSEUR A L'UNIVERSITÉ IMPÉRIALE DE KASAN.

PARIS,

ARTHUS BERTRAND, LIBRAIRE, RUE HAUTEFEUILLE, N° 23.

1824.

IMPRIMERIE DE HUZARD-COURCIER,
RUE DU JARDINET, N°. 12.

A Son Excellence

MONSIEUR DE MAGNITZKY,

Conseiller d'Etat actuel de S. M. l'Empereur de toutes les Russies; Curateur de l'Université de Kasan, Chevalier de plusieurs Ordres, etc., etc.;

Comme un faible témoignage de la plus haute considération et d'une sincère reconnaissance pour la protection bienveillante dont il encourage les Sciences exactes.

SIMONOFF.

ESSAI

SUR

LA MÉTHODE DIRECTE

DU CALCUL INTÉGRAL.

PREMIÈRE PARTIE.

Exposition de la Méthode directe du Calcul intégral.

Le calcul intégral est la seule partie de l'Analyse qui n'a pas de marche directe, et dont les solutions ne sont pas des suites naturelles des conséquences. Pour intégrer une équation différentielle, il faut savoir deviner son intégrale, ou, du moins, si c'est une équation assez compliquée, il faut la ramener dans une autre forme dont on connaît l'intégrale. C'est là la cause de toutes les difficultés qu'on rencontre en intégrant plusieurs équations différentielles, et il y a beaucoup d'équations qu'il est impossible d'intégrer dans des quantités finies. Il n'en est pas ainsi quand on veut obtenir l'intégrale d'une équation différentielle dans une série infinie : alors elles sont toutes susceptibles d'être intégrées assez facilement et avec beaucoup de généralité, sans avoir besoin d'une connaissance préliminaire d'intégrales de quelques équations différentielles.

Bernoulli a donné, il y a long-temps, une série générale pour les intégrales d'une fonction de x, savoir :

$$\int Rdx = A + Rx - \frac{dR}{dx}\frac{x^2}{1.2} + \frac{d^2R}{dx^2}\frac{x^3}{1.2.3} - \frac{d^3R}{dx^3}\frac{x^4}{1.2.3.4} + \ldots \text{ etc.},$$

où R est une fonction quelconque de x et A une quantité constante provenant de l'intégration ; et, comme on voit bien, $A = [\int Rdx]$, où $[\int Rdx]$ est ce que devient $\int Rdx$ quand nous supposons $x = 0$.

Il n'est pas difficile de trouver cette série par une simple différentiation, en adoptant la série de Taylor, d'après laquelle nous aurons

$$R = [R] + \left[\frac{dR}{dx}\right]x + \left[\frac{d^2R}{dx^2}\right]\frac{x^2}{1.2} + \left[\frac{d^3R}{dx^3}\right]\frac{x^3}{1.2.3} + \ldots \text{ etc.},$$

où $[R]$, $\left[\frac{dR}{dx}\right]$, $\left[\frac{d^2R}{dx^2}\right]$, etc., sont les valeurs de R, $\frac{dR}{dx^1}$, $\frac{d^2R}{dx^2}$, etc., en supposant $x = 0$. Cette signification des signes [ ] sera adoptée partout dans cet Ouvrage. En différenciant la dernière série, on aura

$$\frac{dR}{dx} = \left[\frac{dR}{dx}\right] + \left[\frac{d^2R}{dx^2}\right]x + \left[\frac{d^3R}{dx^3}\right]\frac{x^2}{1.2} + \left[\frac{d^4R}{dx^4}\right]\frac{x^3}{1.2.3} + \ldots \text{ etc.},$$

$$\frac{d^2R}{dx^2} = \left[\frac{d^2R}{dx^2}\right] + \left[\frac{d^3R}{dx^3}\right]x + \left[\frac{d^4R}{dx^4}\right]\frac{x^2}{1.2} + \left[\frac{d^5R}{dx^5}\right]\frac{x^3}{1.2.3} + \ldots \text{ etc.};$$

et ainsi de suite. De ces séries nous aurons bien facilement

$$[R] = R - \left[\frac{dR}{dx}\right]x - \left[\frac{d^2R}{dx^2}\right]\frac{x^2}{1.2} - \left[\frac{d^3R}{dx^3}\right]\frac{x^3}{1.2.3} - \ldots \text{ etc.},$$

$$\left[\frac{dR}{dx}\right] = \frac{dR}{dx} - \left[\frac{d^2R}{dx^2}\right]x - \left[\frac{d^3R}{dx^3}\right]\frac{x^2}{1.2} - \left[\frac{d^4R}{dx^4}\right]\frac{x^3}{1.2.3} - \ldots \text{ etc.},$$

$$\left[\frac{d^2R}{dx^2}\right] = \frac{d^2R}{dx^2} - \left[\frac{d^3R}{dx^3}\right]x - \left[\frac{d^4R}{dx^4}\right]\frac{x^2}{1.2} - \left[\frac{d^5R}{dx^5}\right]\frac{x^3}{1.2.3} - \ldots \text{ etc.},$$

et ainsi de suite. Ou bien, si l'on substitue successivement au lieu de $\left[\frac{dR}{dx}\right]$, $\left[\frac{d^2R}{dx^2}\right]$, $\left[\frac{d^3R}{dx^3}\right]$, etc., leurs valeurs, on aura

$$[R] = R - \frac{dR}{dx}.x + \frac{d^2R}{dx^2}\frac{x^2}{1.2} - \frac{d^3R}{dx^3}\frac{x^3}{1.2.3} + \ldots \text{ etc.},$$

$$\left[\frac{dR}{dx}\right] = \frac{dR}{dx} - \frac{d^2R}{dx^2}x + \frac{d^3R}{dx^3}\frac{x^2}{1.2} - \frac{d^4R}{dx^4}\frac{x^3}{1.2.3} + \ldots \text{ etc.},$$

$$\left[\frac{d^2R}{dx^2}\right]=\frac{d^2R}{dx^2}-\frac{d^3R}{dx^3}x+\frac{d^4R}{dx^4}\,\frac{x^2}{1.2}-\frac{d^5R}{dx^5}\,\frac{x^3}{1.2.3}+\ldots\text{ etc.},$$

et ainsi de suite.

Comme $\int Rdx$ est aussi une fonction de x, nous aurons donc, d'après la série de Taylor,

$$\int Rdx=\left[\int Rdx\right]+[R]\,x+\left[\frac{dR}{dx}\right]\frac{x^2}{1.2}+\left[\frac{d^2R}{dx^2}\right]\frac{x^3}{1.2.3}+\ldots\text{ etc.};$$

et en y substituant au lieu de $[R]$, $\left[\frac{dR}{dx}\right]$, $\left[\frac{d^2R}{dx^2}\right]$, etc., leurs valeurs précédemment trouvées, on aura

$$\int Rdx=\left[\int Rdx\right]+Rx-\frac{dR}{dx}\,\frac{x^2}{1.2}+\frac{d^2R}{dx^2}\,\frac{x^3}{1.2.3}-\frac{d^3R}{dx^3}\,\frac{x^4}{1.2.3.4}+\ldots\text{ etc.},$$

c'est-à-dire la série donnée par Bernoulli, qui présente beaucoup de facilité pour intégrer une équation différentielle du premier ordre.

Bernoulli n'a donné que cette série pour l'intégrale du premier ordre; mais on peut la généraliser pour les intégrales des ordres supérieurs. En effet, si l'on considère les quantités $\int^2 Rdx^2$, $\int^3 Rdx^3$, $\int^4 Rdx^4$, et en général $\int^n Rdx^n$ comme des fonctions de x, on aura, par la série de Taylor,

$$\int^2 Rdx^2=\begin{cases}\left[\int^2 Rdx^2\right]+\left[\int Rdx\right]x+[R]\,\frac{x^2}{1.2}\\ \qquad+\left[\frac{dR}{dx}\right]\frac{x^3}{1.2.3}+\left[\frac{d^2R}{dx^2}\right]\frac{x^4}{1.2.3.4}+\ldots\text{ etc.},\end{cases}$$

$$\int^3 Rdx^3=\begin{cases}\left[\int^3 Rdx^3\right]+\left[\int^2 Rdx^2\right]x+\left[\int Rdx\right]\frac{x^2}{1.2}+[R]\,\frac{x^3}{1.2.3}\\ \qquad+\left[\frac{dR}{dx}\right]\frac{x^4}{1.2.3.4}+\left[\frac{d^2R}{dx^2}\right]\frac{x^6}{1.2.3.4.5}+\ldots\text{ etc.},\end{cases}$$

$$\int^4 Rdx^4=\begin{cases}\left[\int^4 Rdx^4\right]+\left[\int^3 Rdx^3\right]x+\left[\int^2 Rdx^2\right]\frac{x^2}{1.2}\\ \qquad+\left[\int Rdx\right]\frac{x^8}{1.2.3}+[R]\,\frac{x^4}{1.2.3.4}+\left[\frac{dR}{dx}\right]\frac{x^5}{1.2.3.4.5}\\ \qquad+\left[\frac{d^2R}{dx^2}\right]\frac{x^6}{1.2\ldots6}+\ldots\text{ etc.},\end{cases}$$

et, en général

$$(a)\ldots\int^n \mathrm{R}dx^n = \begin{cases} [\int^n \mathrm{R}dx^n] + [\int^{n-1}\mathrm{R}dx^{n-1}]\,x + [\int^{n-2}\mathrm{R}dx^{n-2}]\dfrac{x^2}{1.2} \\ + \ldots [\int \mathrm{R}dx]\dfrac{x^{n-1}}{1.2\ldots n-1} + [\mathrm{R}]\dfrac{x^n}{1.2\ldots n} \\ + \left[\dfrac{d\mathrm{R}}{dx}\right]\dfrac{x^{n+1}}{1.2\ldots n+1} + \left[\dfrac{d^2\mathrm{R}}{dx^2}\right]\dfrac{x^{n+2}}{1.2\ldots n+2} + \ldots \text{etc.}, \end{cases}$$

où les quantités $[\int \mathrm{R}]$, $[\int^2 \mathrm{R}dx^2]$, $[\int^3 \mathrm{R}dx^3]$, etc., $[\int^n \mathrm{R}dx^n]$, sont ce qu'on appelle ordinairement les quantités constantes provenant de l'intégration.

Ces séries nous suffisent déjà pour nous donner les intégrales des équations différentielles de tous les ordres.

En effet, supposons que $\mathrm{R} = x^m$, alors nous aurons

$$[\mathrm{R}] = 0, \quad \left[\frac{d\mathrm{R}}{dx}\right] = 0, \quad \left[\frac{d^2\mathrm{R}}{dx^2}\right] = 0, \ldots$$

$$\left[\frac{d^{m-1}\mathrm{R}}{dx^{m-1}}\right] = 0, \quad \left[\frac{d^m\mathrm{R}}{dx^m}\right] = m(m-1)(m-2)\ldots 1 \text{ et } \left[\frac{d^{m+1}\mathrm{R}}{dx^{m+1}}\right] = 0, \text{etc.};$$

par conséquent,

$$\int \mathrm{R}dx = \int x^m dx = \mathrm{A}' + m(m-1)(m-2)\ldots 2.1\frac{x^{m+1}}{1.2\ldots m(m+1)}$$
$$= \mathrm{A}' + \frac{x^{m+1}}{m+1},$$

$$\int^2 \mathrm{R}dx^2 = \int^2 x^m dx^2 = \mathrm{A}'' + \mathrm{A}'x + m(m-1)(m-2)\ldots 2.1\frac{x^{m+2}}{1.2\ldots m(m+1)(m+2)}$$
$$= \mathrm{A}'' + \mathrm{A}'x + \frac{x^{m+2}}{(m+1)(m+2)};$$

et, en général,

$$\int^n \mathrm{R}dx^n = \begin{cases} \mathrm{A}^n + \mathrm{A}^{n-1}x + \mathrm{A}^{n-2}\dfrac{x^2}{1.2} + \ldots, \mathrm{A}'\dfrac{x^{n-1}}{1\ldots n-1} \\ \qquad + \dfrac{x^{m+n}}{(m+1)(m+2)\ldots(m+n)}, \end{cases}$$

où A', A'', A''', ... $\mathrm{A}^{(n)}$ sont les quantités constantes provenant de l'intégration, c'est-à-dire,

$$\mathrm{A}' = [\int \mathrm{R}dx], \quad \mathrm{A}'' = [\int^2 \mathrm{R}dx^2], \quad \mathrm{A}''' = [\int^3 \mathrm{R}dx^3], \ldots$$

et $$\mathrm{A}^{(n)} = \int^n [\mathrm{R}dx^n].$$

Faisons, pour le second exemple,

$$R = \frac{1}{(1+x)^m};$$

nous aurons

$$[R] = 1, \quad \left[\frac{dR}{dx}\right] = -m, \quad \left[\frac{d^2R}{d^2x}\right] = m(m+1),$$

$$\left[\frac{d^3R}{d^3x}\right] = -m(m+1)(m+2), \quad \left[\frac{d^4R}{dx^4}\right] = m(m+1)(m+2)(m+3);$$

et ainsi de suite.

Par conséquent,

$$\int R dx = \begin{cases} A' + x - m\frac{x^2}{1.2} + m.(m+1)\frac{x^3}{1.2.3} \\ \qquad - m(m+1)(m+2)\frac{x^4}{1.2.3.4} + \text{etc.}, \end{cases}$$

$$\int^2 R dx^2 = \begin{cases} A'' + A'x + \frac{x^2}{1.2} - m\frac{x^3}{1.2.3} + m(m+1)\frac{x^4}{1.2.3.4} \\ \qquad - m(m+1)(m+2)\frac{x^5}{1.2\ldots5} + \text{etc.} \end{cases}$$

$$\int^3 R dx^3 = \begin{cases} A''' + A''x + A'\frac{x^2}{1.2} + \frac{x^3}{1.2.3} - m\frac{x^4}{1.2.3.4} + m(m+1)\frac{x^5}{1.2\ldots5} \\ \qquad - m(m+1)(m+2)\frac{x^6}{1.2\ldots6} + \text{etc.}; \end{cases}$$

et, en général,

$$\int^n R dx^n = \begin{cases} A^{(n)} + A^{(n-1)}x + A^{(n-2)}\frac{x^2}{1.2} + \ldots A'\frac{x^{n-1}}{1.2\ldots.n-1} + \frac{x^n}{1.2\ldots n} \\ \qquad - m\frac{x^{n+1}}{1.2\ldots n+1} + m(m+1)\frac{x^{n+2}}{1.2\ldots n+2} - \ldots \text{etc.}; \end{cases}$$

et, ayant fait $n = m$, on aura

$$\int^m \frac{dx^m}{(1+x)^m} = \begin{cases} A^{(m)} + A^{(m-1)}x + A^{(m-2)}\frac{x^2}{1.2} + \ldots A'\frac{x^{m-1}}{1.2\ldots m-1} \\ \qquad + \frac{1}{1.2\ldots m-1}\left\{\frac{x^m}{m} - \frac{x^{m+1}}{m+1} + \frac{x^{m+2}}{m+2} - \frac{x^{m+3}}{m+3} + \ldots \text{etc.}\right\} \end{cases}$$

Si nous supposons que

$$A' = B' - \frac{1}{m-1},$$

$$A'' = B'' + \frac{1}{(m-1)(m-2)},$$

$$A''' = B''' - \frac{1}{(m-1)(m-2)(m-3)},$$

$$A^{\text{IV}} = B^{\text{IV}} + \frac{1}{(m-1)(m-2)(m-3)(m-4)},$$

et enfin,

$$A^{(m-1)} = B^{(m-1)} \pm \frac{1}{(m-1)(m-2)\ldots 2.1};$$

alors nous aurons

$$\int^m \frac{dx^m}{(1+x)^m} = \begin{cases} A^{(m)} + B^{(m-1)}x + B^{(m-2)}\frac{x^2}{1.2} + \ldots \\ \qquad B'\frac{x^{m-1}}{1.2\ldots m-1} \pm \frac{1}{1.2\ldots m-1}\log(1+x), \end{cases}$$

où $+$ pour m impair, et $-$ pour m pair. Et si l'on fait $m = 1$, on aura

$$\int \frac{dx}{1+x} = A' + \log(1+x).$$

Si nous faisons $R = e^x$, nous aurons

$$[R] = 1, \quad \left[\frac{dR}{dx}\right] = 1, \quad \left[\frac{d^2R}{d^2x}\right] = 1, \quad \text{etc.};$$

et par conséquent,

$$\int^n R\,dx^n = \int^n e^x dx^n = A^{(n)} + A^{(n-1)}x + A^{(n-2)}\frac{x^2}{1.2} + \ldots A'\frac{x^{n-1}}{1.2\ldots n-1}$$
$$+ \frac{x^n}{1.2\ldots n} + \frac{x^{n+1}}{1.2\ldots n+1} + \frac{x^{n+2}}{1.2\ldots n+2} + \ldots \text{etc.}$$

Si l'on fait

$$A' = B' + 1,$$
$$A'' = B'' + 1,$$
$$A''' = B''' + 1,$$

et

$$A^{(n)} = B^{(n)} + 1,$$

on aura

$$\int^n e^x dx^n = B^{(n)} + B^{(n-1)}x + B^{(n-2)}\frac{x^2}{1.2} + \ldots B'\frac{x^{n-1}}{1.2\ldots n-1} + e^x;$$

et ayant supposé $n=1$, on aura

$$\int e^x dx = B' + e^x.$$

Supposons maintenant que R soit une fonction trigonométrique de x, par exemple, $R=\cos x$; alors nous aurons

$$[R]=1, \left[\frac{dR}{dx}\right]=0, \left[\frac{d^2R}{d^2x}\right]=-1, \left[\frac{d^3R}{d^3x}\right]=0, \left[\frac{d^4R}{d^4x}\right]=+1, \text{ etc.};$$

et par conséquent,

$$\int \cos x . dx = A' + x - \frac{x^3}{1.2.3} + \frac{x^5}{1.2.3.4.5} - \frac{x^7}{1.2\ldots 7} + \ldots \text{etc.} = A' + \sin x,$$

$$\int^2 \cos x dx^2 = A'' + A'x + \frac{x^2}{1.2} - \frac{x^4}{1.2.3.4} + \frac{x^6}{1.2\ldots 6} - \frac{x^8}{1.2\ldots 8} + \text{etc.}$$
$$= B'' + B'x - \cos x,$$

où

$$B'' = A'' + 1, \quad B' = A'.$$

Et, en général,

$$\int^n \cos x dx^n = \begin{cases} A^{(n)} + A^{(n-1)}x + A^{(n-2)}\frac{x^2}{1.2} + \ldots A'\frac{x^{n-1}}{1.2\ldots n-1} \\ + \frac{x^n}{1.2\ldots n} - \frac{x^{n+2}}{1.2\ldots n+2} + \frac{x^{n+4}}{1.2\ldots n+4} - \ldots \text{etc.}; \end{cases}$$

et si l'on fait

$$\begin{aligned} A' &= B', & A'' &= B'' - 1, \\ A''' &= B''', & A^{\text{IV}} &= B^{\text{IV}} + 1, \\ A^{\text{V}} &= B^{\text{V}}, & A^{\text{VI}} &= B^{\text{VI}} - 1, \\ &\text{etc.}, & &\text{etc.}; \end{aligned}$$

on aura, si n est pair,

$$\int^n \cos x dx^n = B^{(n)} + B^{(n-1)}x + B^{(n-2)}\frac{x^2}{1.2} + \ldots B'\frac{x^{n-1}}{1.2\ldots n-1} \pm \cos x,$$

où + pour $2.2p$, et — pour $n=2(2p+1)$, et si n est impair,

$$\int^n \cos x dx^n = B^{(n)} + B^{(n-1)} x + B^{(n-2)} \frac{x^2}{1.2} + \ldots B' \frac{x^{n-1}}{1.2\ldots n-1} \pm \sin x,$$

où + pour $n=2.2p+1$, et — pour $n=2(2p+1)+1$.

Si l'on suppose $n=1$, $n=2$, $n=3$, etc., on aura, comme auparavant,

$$\int \cos x dx = B' + \sin x,$$
$$\int^2 \cos x dx^2 = B'' + B'x - \cos x,$$
$$\int^3 \cos x dx^3 = B''' + B''x + B' \frac{x^2}{1.2} - \sin x,$$
$$\int^4 \cos x dx^4 = B^{\text{IV}} + B'''x + B'' \frac{x^2}{1.2} + B' \frac{x^3}{1.2.3} + \cos x;$$

et ainsi de suite.

Supposons $R=\sin x$; alors nous aurons

$$[R]=0,\quad \left[\frac{dR}{dx}\right]=1,\quad \left[\frac{d^2R}{dx^2}\right]=0,\quad \left[\frac{d^3R}{dx^3}\right]=1,\ \text{etc.};$$

et par conséquent,

$$\int \sin x dx = A' + \frac{x^2}{1.2} - \frac{x^4}{1.2.4} + \frac{x^6}{1.2..6} - \frac{x^8}{1.2..8} + \ldots = B' - \cos x,$$

$$\int^2 \sin x dx^2 = A'' + A'x + \frac{x^3}{1.2.3} - \frac{x^5}{1.2.3.4.5} + \frac{x^7}{1.2..7} - \frac{x^9}{1.2..9} + \ldots$$
$$= A'' + B'x - \sin x,$$

où $B'=A'+1$; et, en général,

$$\int^n \sin x dx^n = A^n + A^{n-1}x + A^{n-2}\frac{x^2}{1.2} + \ldots A' \frac{x^{n-1}}{1.2\ldots n-1}$$
$$+ \frac{x^{n+1}}{1.2\ldots n+1} - \frac{x^{n+3}}{1.2\ldots n+3} + \frac{x^{n+5}}{1.2\ldots n+5}$$
$$- \frac{x^{n+7}}{1.2\ldots n+7} + \ldots \text{etc.};$$

et si l'on fait

$$A' = B' - 1,\quad A'' = B'',$$

$$A''' = B''' + 1,\quad A^{\text{IV}} = B^{\text{IV}},$$
$$A^{\text{V}} = B^{\text{V}} - 1,\quad A^{\text{VI}} = B^{\text{VI}},$$
$$A^{\text{VII}} = B^{\text{VII}} + 1,\quad A^{\text{VIII}} = B^{\text{VIII}},$$
$$\text{etc.,}\qquad\qquad \text{etc.,}$$

on aura, si n est pair,

$$\int^n \sin x dx^n = B^{(n)} + B^{(n-2)}x + B^{(n-2)}\frac{x^2}{1.2} + \ldots B'\frac{x^{n-1}}{1.2\ldots n-1} \pm \sin x,$$

où $+$ pour $n = 2.2p$, et $-$ pour $n = 2(2p+1)$; et si n est impair, on aura

$$\int^n \sin x dx^n = B^{(n)} + B^{(n-1)}x + B^{(n-2)}\frac{x^2}{1.2} + \ldots B'\frac{x^{n-1}}{1.2\ldots n-1} \pm \cos x,$$

où $+$ pour $n = 2(2p+1)+1$, et $-$ pour $n = 2.2p+1$; et ayant supposé $n=1$, $n=2$, $n=3$, etc., nous aurons

$$\int \sin x dx = B' - \cos x,$$
$$\int^2 \sin x dx^2 = B'' + B'x - \sin x,$$
$$\int^3 \sin x dx^3 = B''' + B''x + B'\frac{x^2}{1.2} + \cos x,$$
$$\int^4 \sin x dx^4 = B^{\text{IV}} + B'''x + B''\frac{x^2}{1.2} + \frac{x^3}{1.2.3} + \sin x;$$

et ainsi de suite.

De cette manière, on peut intégrer avec plus ou moins de facilité, et toujours par la même marche de calcul, une équation différentielle, $dy = Rdx$, où R est une fonction quelconque de x. Nous ne nous arrêterons pas sur cet objet, d'autant plus que les séries que nous avons exposées jusque ici pour trouver les valeurs des intégrales $\int Rdx$, $\int^2 Rdx^2$, $\int^3 Rdx^3$, etc., sont trop connues; car elles ne sont que les différentes modifications de la série de Taylor, laquelle est une série fondamentale pour toutes les autres que nous venons de présenter.

Nous avons vu que la série de Taylor donne facilement celle de Bernoulli. En suivant la même route, nous trouverons les séries analogues à cette dernière pour les intégrales des ordres supérieurs. En effet, reprenons les séries

$$\int^2 \mathrm{R}dx^2 = \mathrm{A}'' + \mathrm{A}'x + [\mathrm{R}]\frac{x^2}{1.2} + \left[\frac{d\mathrm{R}}{dx}\right]\frac{x^3}{1.2.3} + \left[\frac{d^2\mathrm{R}}{dx^2}\right]\frac{x^4}{1.2.3.4} + \ldots \text{etc.},$$

$$\int^3 \mathrm{R}dx^3 = \begin{cases} \mathrm{A}''' + \mathrm{A}''x + \mathrm{A}'\frac{x^2}{1.2} + [\mathrm{R}]\frac{x^3}{1.2.3} + \left[\frac{d\mathrm{R}}{dx}\right]\frac{x^4}{1.2.3.4} \\ \qquad + \left[\frac{d^2\mathrm{R}}{dx^2}\right]\frac{x^5}{1.2\ldots5} + \ldots \text{etc.}, \end{cases}$$

$$\int^4 \mathrm{R}dx^4 = \begin{cases} \mathrm{A}^{\mathrm{IV}} + \mathrm{A}'''x + \mathrm{A}''\frac{x^2}{1.2} + \mathrm{A}'\frac{x^3}{1.2.3} + [\mathrm{R}]\frac{x^4}{1.2.3.4} \\ \qquad + \left[\frac{d\mathrm{R}}{dx}\right]\frac{x^5}{1.2\ldots5} + \left[\frac{d^2\mathrm{R}}{dx^2}\right]\frac{x^6}{1.2\ldots6} + \ldots \text{etc.}; \end{cases}$$

et, en général,

$$\int^n \mathrm{R}dx^n = \begin{cases} \mathrm{A}^{(n)} + \mathrm{A}^{(n-1)}x + \mathrm{A}^{(n-2)}\frac{x^2}{1.2} + \ldots \mathrm{A}'\frac{x^{n-1}}{1.2\ldots n-1} \\ \quad + [\mathrm{R}]\frac{x^n}{1.2\ldots n} + \left[\frac{d\mathrm{R}}{dx}\right]\frac{x^{n+1}}{1.2\ldots n+1} \\ \quad + \left[\frac{d^2\mathrm{R}}{dx^2}\right]\frac{x^{n+2}}{1.2\ldots n+2} + \ldots \text{etc.}, \end{cases}$$

où A', A'', A''', ... $\mathrm{A}^{(n)}$ sont les quantités constantes provenant de l'intégration, savoir :

$$[\int \mathrm{R}dx], \; [\int^2 \mathrm{R}dx^2], \; [\int^3 \mathrm{R}dx^3], \ldots [\int^n \mathrm{R}dx^n],$$

comme nous l'avons fait avant.

Si l'on substitue dans les séries précédentes, à la place de $[\mathrm{R}]$, $\left[\frac{d\mathrm{R}}{dx}\right]$, $\left[\frac{d^2\mathrm{R}}{dx^2}\right]$, ... etc., leurs valeurs données par les séries suivantes :

$$[\mathrm{R}] = \mathrm{R} - \frac{d\mathrm{R}}{dx}x + \frac{d^2\mathrm{R}}{dx^2}\frac{x^2}{1.2} - \frac{d^3\mathrm{R}}{dx^3}\frac{x^3}{1.2.3} + \ldots \text{etc.},$$

$$\left[\frac{d\mathrm{R}}{dx}\right] = \frac{d\mathrm{R}}{dx} - \frac{d^2\mathrm{R}}{dx^2}x + \frac{d^3\mathrm{R}}{dx^3}\frac{x^2}{1.2} - \frac{d^4\mathrm{R}}{dx^4}\frac{x^3}{1.2.3} + \ldots \text{etc.},$$

$$\left[\frac{d^2\mathrm{R}}{dx^2}\right] = \frac{d^2\mathrm{R}}{dx^2} - \frac{d^3\mathrm{R}}{dx^3}x + \frac{d^4\mathrm{R}}{dx^4}\frac{x^2}{1.2} - \frac{d^5\mathrm{R}}{dx^5}\frac{x^3}{1.2.3} + \ldots \text{etc.},$$

comme nous avons fait pour trouver la série de Bernoulli, nous obtiendrons facilement

$$\int^2 R dx^2 = A'' + A'x + R\frac{x^2}{1.2} - \frac{2dR}{1dx}\frac{x^3}{1.2.3} + \frac{2.3.d^2R}{1.2.dx^2}\frac{x^4}{1.2\ldots4} - \ldots \text{etc.},$$

$$\int^3 R dx^3 = \begin{cases} A''' + A''x + A'\frac{x^2}{1,2} + R\frac{x^3}{1.2.3} - \frac{3}{1}\frac{dR}{dx}\frac{x^4}{1.2.3.4} \\ \qquad + \frac{3.4}{1.2}\frac{d^2R}{dx^2}\frac{x^5}{1.2\ldots5} - \ldots \text{etc.}, \end{cases}$$

$$\int^4 R dx^4 = \begin{cases} A^{\text{IV}} + A'''x + A''\frac{x^2}{1.2} + A'\frac{x^3}{1.2.3} + R\frac{x^4}{1.2.3.4} - \frac{4}{1}\frac{dR}{dx}\frac{x^5}{1.2\ldots5} \\ \qquad + \frac{4.5}{1.2}\frac{d^2R}{dx^2}\frac{x^6}{1.2\ldots6} - \ldots \text{etc.}; \end{cases}$$

et, en général,

$$\int^n R dx^n = \begin{cases} A^{(n)}x + A^{(n-1)} + A^{(n-2)}\frac{x^2}{1.2} + \ldots A'\frac{x^{n-1}}{1.2\ldots n-1} \\ + R\frac{x^n}{1.2\ldots n} - \frac{n}{1}\frac{dR}{dx}\frac{x^{n+1}}{1.2\ldots n+1} \\ + \frac{n.(n+1)}{1.2}\frac{d^2R}{dx^2}\frac{x^{n+2}}{1.2\ldots n+2} - \ldots \text{etc.} \end{cases}$$

Voilà d'autres séries propres à nous donner les intégrales des équations différentielles,

$$\frac{d^2y}{dx^2} = R, \quad \frac{d^3y}{dx^3} = R, \quad \frac{d^4y}{dx^4} = R;$$

et, en général,

$$\frac{d^ny}{dx^n} = R,$$

dans des suites infinies.

On voit bien que ces suites ne sont pas tout-à-fait développées suivant les puissances de x, dont R est une fonction, ainsi que ces différentielles $\frac{dR}{dx}$, $\frac{d^2R}{dx^2}$, $\frac{d^3R}{dx^3}$, ... etc., prises par rapport à x; néanmoins elles présentent une loi bien simple et bien remarquable, que suivent ses membres. De plus, elles m'ont découvert une quantité d'autres séries qui sont dignes d'être remarquées, et qui peuvent être employées, avec avantage, dans beaucoup de cas particuliers de l'Analyse.

Quoique ces séries algébriques dont nous venons de parler, ne se rattachent pas absolument au but de notre Ouvrage, cependant, comme elles sont assez curieuses, et parce qu'en les montrant ici nous ferons voir en même temps l'emploi des séries (b), nous allons en reproduire quelques-unes.

Commençons par la supposition $R = x^m$, et nous aurons

$$R = x^m,\quad \frac{dR}{dx} = mx^{m-1},\quad \frac{d^2R}{dx^2} = m(m-1)x^{m-2},\ \ldots\ldots$$
$$\frac{d^nR}{dx^n} = m(m-1)\ldots(m-n+1)x^{m-n};$$

et d'après la série (b),

$$\int x^m dx = A' + \left\{1 - \frac{m}{1.2} + \frac{m(m-1)}{1.2.3} - \frac{m(m-1)(m-2)}{1.2.3.4} + \ldots\right\} x^{m-1},$$
$$\int^2 x^m dx^2 = A'' + A'x + \left\{\frac{1}{1.2} - \frac{2}{1}\frac{m}{1.2.3} + \frac{2.3}{1.2}\frac{m(m-1)}{1.2.3.4} - \frac{2.3.4}{1.2.3}\frac{m(m-1)(m-2)}{1.2.3.4.5} + \ldots\right\} x^{m-2};$$

et en général,

$$\int^n x^m dx^n = A^{(n)} + A^{(n-1)}x + A^{(n-2)}\frac{x^2}{1.2} + \ldots A'\frac{x^{(n-1)}}{1.2\ldots n-1}$$
$$\left\{+\frac{1}{1.2\ldots n} - \frac{n}{1}\frac{m}{1.2\ldots n+1} + \frac{n(n+1)}{1.2}\frac{m(m-1)}{1.2\ldots n+2} - \frac{n(n+1)(n+2)}{1.2.3}\frac{m(m-1)(m-2)}{1.2\ldots n+3} + \ldots\right\} x^{m+n}.$$

En comparant ces séries avec les autres valeurs des intégrales $\int x^m dx$, $\int^2 x^m dx^2$, $\int^3 x^m dx^3$, ... $\int^n x^m dx^n$, que nous avons trouvées avant, nous aurons les séries suivantes :

$$\frac{1}{m-1} = 1 - \frac{m}{1.2} + \frac{m(m-1)}{1.2.3} - \frac{m(m-1)(m-2)}{1.2.3.4} + \ldots\ \text{etc.},$$
$$\frac{1}{(m+1)(m+2)} = \frac{1}{1.2} - \frac{2}{1}\frac{m}{1.2.3} + \frac{2.3}{1.2}\frac{m(m-1)}{1.2.3.4} - \frac{2.3.4}{1.2.3}\frac{m(m-1)(m-2)}{1.2.3.4.5} + \ldots\text{etc.},$$
$$\frac{1}{(m+1)(m+2)(m+3)} = \left\{\frac{1}{1.2.3} - \frac{3}{1}\frac{m}{1.2.3.4} + \frac{3.4}{1.2}\frac{m(m-1)}{1.2.3.4.5} - \frac{3.4.5}{1.2.3}\frac{m(m-1)(m-2)}{1.2.3.4.5.6} + \ldots\ \text{etc.},\right.$$

et, en général,

$$\frac{1}{(m+1)(m+2)(m+3)\ldots(m+n)} = \left\{\frac{1}{1.2\ldots n} - \frac{n}{1}\frac{m}{1.2\ldots(n+1)} + \frac{n(n+1)}{1.2}\frac{m(m-1)}{1.2.3\ldots(n-2)} - \frac{n(n+1)(n+2)}{1.2.3}\frac{m(m-1)(m-2)}{1.2\ldots n+3} + \ldots\ \text{etc.}\right.$$

Si l'on fait

$$R = \frac{1}{(1+x)^m},$$

on aura

$$\frac{dR}{dx} = -\frac{m}{(1+x)^{(m+1)}}, \quad \frac{d^2R}{dx^2} = +\frac{m(m+1)}{(1+x)^{(m+2)}},$$

$$\frac{d^3R}{dx^3} = -\frac{m(m+1)(m+2)}{(1+x)^{(m+3)}}, \text{ etc.},$$

et par les séries (b),

$$\int^n \frac{dx^n}{(1+x)^m} = \left\{ \begin{array}{l} A^{(n)} + A^{(n-1)}x + A^{(n-2)}\frac{x^2}{1.2} + \ldots A' \frac{x^{n-1}}{1.2\ldots n-1} \\ + \frac{1}{(1+x)^n}\frac{x^n}{1.2\ldots n} + \frac{m.n}{1(1+x)^{(m+1)}}\frac{x^{n+1}}{1.2\ldots n+1} \\ + \frac{m(m+1)n(n+1)}{1.2(1+x)^{(m+2)}}\frac{x^{n+2}}{1.2\ldots n+2} + \ldots \text{etc.}; \end{array} \right.$$

et ayant fait $n = m$, on aura

$$\int^m \frac{dx^m}{(1+x)^m} = \left\{ \begin{array}{l} A^{(m)} + A^{(m-1)}x + A^{(m-2)}\frac{x^2}{1.2} + \ldots A' \frac{x^{m-1}}{1.2\ldots(m+1)} \\ + \frac{1}{1.2\ldots m}\left(\frac{x}{1+x}\right)^m + \frac{m}{1}\frac{m}{1.2\ldots(m+1)}\left(\frac{x}{1+x}\right)^{m+1} \\ + \frac{m(m+1)}{1.2}\frac{m(m+1)}{1.2\ldots(m+2)}\left(\frac{x}{1+x}\right)^{m+2} + \ldots \text{etc.} \end{array} \right.$$

En comparant cette valeur de $\int^m \frac{dx^m}{(1+x)^m}$, avec celle que nous avons trouvée plus haut pour cette intégrale, c'est-à-dire avec celle-ci :

$$\int^m \frac{dx^m}{(1+x)^m} = \left\{ \begin{array}{l} A^m + A^{(m-1)}x + A^{(m-2)}\frac{x}{1.2} + \ldots A' \frac{x^{(m-1)}}{1.2\ldots m+1} \\ + \frac{x^m}{1.2\ldots m} - \frac{m.x^{(m+1)}}{1.2\ldots(m+1)} + \frac{m(m+1)x^{(m+2)}}{1.2\ldots(m+2)} - \ldots \text{etc.}, \end{array} \right.$$

nous aurons

$$\frac{1}{m}x^m - \frac{1}{m+1}x^{(m+1)} + \frac{1}{m+2}x^{(m+2)} - \ldots \text{etc.}$$

$$= \frac{1}{m}\left(\frac{x}{1+x}\right)^m + \frac{m}{1}\frac{1}{m+1}\left(\frac{x}{1+x}\right)^{m+1} + \frac{m(m+1)}{1.2}\frac{1}{m+2}\left(\frac{x}{1+x}\right)^{m+1} + \ldots \text{etc.},$$

ce qui donnera

$$\log(1+x)=\left\{\begin{array}{l} x-\frac{1}{2}x+\frac{1}{3}x^3-\frac{1}{4}x^4+\ldots\pm\frac{1}{m-1}x^{m-1} \\ \qquad\mp\left\{\frac{1}{m}\left(\frac{x}{1+x}\right)^m+\frac{m}{1}\frac{1}{m+1}\left(\frac{x}{1+x}\right)^{m+1}\right. \\ \qquad\left.+\frac{m(m+1)}{1.2}\frac{1}{m+2}\left(\frac{x}{1+x}\right)^{m+2}+\ldots\text{ etc.},\right\} \end{array}\right.$$

et en substituant successivement

$$m=1,\quad m=2,\quad m=3,\quad \text{etc.},$$

nous aurons

$$\log(1+x)=\frac{x}{1+x}+\frac{1}{2}\left(\frac{x}{1+x}\right)^2+\frac{1}{3}\left(\frac{x}{1+x}\right)^3+\ldots\text{ etc.},$$

$$\log(1+x)=x-\frac{1}{2}\left(\frac{x}{1+x}\right)^2-\frac{2}{3}\left(\frac{x}{1+x}\right)^3-\frac{3}{4}\left(\frac{x}{1+x}\right)^4-\ldots\text{ etc},$$

$$\log(1+x)=x-\frac{1}{2}x^2+\frac{1}{3}\left(\frac{x}{1+x}\right)^3+\frac{3}{4}\left(\frac{x}{1+x}\right)^4+\frac{6}{5}\left(\frac{x}{1+x}\right)^5+\ldots\text{ etc.},$$

$$\log(1+x)=x-\frac{1}{2}x^2+\frac{1}{3}x^3-\frac{1}{4}\left(\frac{x}{1+x}\right)^4-\frac{4}{5}\left(\frac{x}{1+x}\right)^5-\frac{10}{6}\left(\frac{x}{1+x}\right)^6-\ldots\text{ etc.},$$

et ainsi de suite.

Suivons toujours le même ordre de suppositions que nous avons faites auparavant, et admettons $R=e^x$, alors nous aurons

$$\frac{dR}{dx}=e^x,\quad \frac{d^2R}{dx^2}=e^x,\quad \frac{d^3R}{dx^3}=e^x,\quad \text{etc.};$$

et par conséquent

$$\int^n R\,dx^n=\int^n e^x dx^n=\left\{\begin{array}{l} A^{(n)}+A^{(n-1)}x+A^{(n-2)}\frac{x^2}{1.2}+\ldots A'\frac{xn-1}{1.2\ldots n-1} \\ \quad+e^x\left\{\frac{x^n}{1.2\ldots n}-\frac{n}{1}\frac{x^{n+1}}{1.2\ldots n+1}\right. \\ \quad\left.+\frac{n(n+1)}{1.\ 2}\frac{x^{n+2}}{1.2\ldots n+2}-\ldots\text{etc.}\right\}. \end{array}\right.$$

En comparant cette dernière série avec celle que nous avons obtenue auparavant, c'est-à-dire avec la série

$$\int^n \mathrm{R}dx^n = \int^n e^x dx^n = \begin{cases} \mathrm{A}^n + \mathrm{A}^{(n-1)}x + \mathrm{A}^{(n-2)}\dfrac{x^2}{1.2} + \ldots \mathrm{A}'\dfrac{x^{(n-1)}}{1.2\ldots(n-1)} \\ + \dfrac{x^n}{1.2\ldots n} + \dfrac{x^{n+1}}{1.2\ldots(n+1)} + \dfrac{x^{n+2}}{1.2\ldots n+2} + \ldots \text{etc.}; \end{cases}$$

nous aurons

$$e^x\left\{\frac{x^n}{1.2\ldots n} - \frac{n}{1}\,\frac{x^{n+1}}{1.2\ldots n+1} + \frac{n(n+1)}{1.2}\,\frac{x^{n+2}}{1.2\ldots n+2} - \ldots \text{etc.}\right\}$$
$$= \frac{x^n}{1.2\ldots n} + \frac{x^{n+1}}{1.2\ldots n+1} + \frac{x^{n+2}}{1.2\ldots n+2} + \ldots \text{etc.};$$

ce qui donnera

$$e^x = \frac{\left(\dfrac{1}{n} + \dfrac{x}{n.n+1} + \dfrac{x^2}{n.n+1.n+2} + \dfrac{x^3}{n.n+1.n+2.n+3} + \ldots \text{etc.}\right)}{\left(\dfrac{1}{n} - \dfrac{x}{n+1} + \dfrac{x^2}{n+2} - \dfrac{x^3}{n+3} + \ldots \text{etc.}\right)},$$

et

$$e^x = \begin{cases} 1 - x + \dfrac{x^2}{1.2} + \dfrac{x^3}{1.2.3} + \ldots \dfrac{x^{n-1}}{1.2\ldots n-1} \\ + e^x\left\{\dfrac{x^n}{1.2\ldots n} - \dfrac{n}{1}\,\dfrac{x^{n+1}}{1.2\ldots n+1} + \dfrac{n(n+1)}{1.2}\,\dfrac{x^{n+2}}{1.2\ldots n+2} + \ldots \text{etc.}\right\}; \end{cases}$$

c'est-à-dire

$$e^x\left\{1 - \frac{x^n}{1.2\ldots n} + \frac{n}{1}\,\frac{x^{n+1}}{1.2\ldots n+1} - \frac{n(n+1)}{1.2}\,\frac{x^{n+2}}{1.2\ldots n+2} + \ldots \text{etc.}\right\}$$
$$= 1 + x + \frac{x^2}{1.2} + \frac{x^3}{1.2.3} + \ldots \frac{x^{n-1}}{1.2\ldots n-1}.$$

Si l'on fait dans cette dernière série $n = 1$, on aura la série connue

$$\frac{1}{e^x} = 1 - x + \frac{x^2}{1.2} - \frac{x^3}{1.2.3} + \ldots \text{etc.};$$

et en supposant

$$n = 2, \quad n = 3 \text{ etc.},$$

on aura

$$\frac{1}{e^x}=\left\{1-\frac{x^2}{1.2}+\frac{2}{1}\frac{x^3}{1.2.3}-\frac{2.3}{1.2}\frac{x^4}{1.2.3.4}+\ldots \text{etc.}\right\}:(1+x),$$

$$\frac{1}{e^x}=\left\{1-\frac{x^3}{1.2}+\frac{3}{1}\frac{x^4}{1.2.3}-\frac{3.4}{1.2}\frac{x^5}{1.2\ldots5}+\ldots \text{etc.}\right\}:\left(1+x+\frac{1}{1.2}x^2\right),$$

et ainsi de suite.

Passons aux fonctions trigonométriques, et supposons que $R=\cos x$, nous aurons

$$\frac{dR}{dx}=-\sin x,\ \frac{d^2R}{dx^2}=-\cos x,\ \frac{d^3R}{dx^3}=+\sin x,\ \frac{d^4R}{dx^4}=+\cos x,$$

et par conséquent

$$\int^n R dx^n=\int^n \cos x dx^n=\left\{\begin{array}{l} A^{(n)}+A^{(n-1)}x+A^{(n-2)}\frac{x^2}{1.2}+\ldots A'\frac{x^{n-1}}{1.2\ldots n-1} \\ +\left\{\frac{x^n\cos x}{1.2\ldots n}+\frac{n}{1}\frac{x^{n+1}\sin x}{1.2\ldots n+1}-\frac{n(n+1)}{1.2}\frac{x^{n+2}\cos x}{1.2\ldots n+2}\right. \\ \left.-\frac{n(n+1)(n+2)}{1.2.3}\frac{x^{n+3}\sin x}{1.2\ldots n+3}+\ldots \text{etc.}\right\},\end{array}\right.$$

ou bien

$$\int^n \cos x dx^n=\left\{\begin{array}{l} A^{(n)}+A^{(n-1)}x+A^{n-2}\frac{x^2}{1.2}+\ldots A'\frac{x^{n-1}}{1.2\ldots n-1} \\ +\cos x\left\{\frac{x^n}{1.2\ldots n}-\frac{n(n+1)}{1.2}\frac{x^{n+2}}{1.2\ldots n+2}\right. \\ \left.+\frac{n(n+1)(n+2)(n+3)}{1.1.3.4}\frac{x^{n+4}}{1.2\ldots n+4}-\ldots \text{etc.}\right\} \\ +\sin x\left\{\frac{n}{1}\frac{x^{n+1}}{1.2\ldots n+1}-\frac{n(+1)(n+2)}{1.2.3}\frac{x^{n+3}}{1.2\ldots n+3}\right. \\ \left.+\frac{n(n+1)(n+2)(n+3)(n+4)}{1.2.3.4.5}\frac{x}{1.2\ldots n+5}-\ldots \text{etc.}\right\}.\end{array}\right.$$

Si l'on met $n=1$, on aura

$$\int \cos x dx=\left\{\begin{array}{l} A'+\left(x-\frac{x^3}{1.2.3}+\frac{x^5}{1.2.3.4.5}-\ldots\right)\cos x \\ +\left(\frac{x^2}{1.2}-\frac{x^4}{1.2.3.4}+\frac{x^6}{1.2\ldots6}-\ldots\right)\sin x,\end{array}\right.$$

ou bien

$$\int \cos x dx=A'+\sin x,$$

puisque

$$x - \frac{x^3}{1.2.3} + \frac{x^5}{1.2\ldots5} - \frac{x^7}{1.2\ldots7} + \ldots \text{etc.} = \sin x,$$

$$\frac{x^2}{1.2} - \frac{x^4}{1.2.3.4} + \frac{x^6}{1.2\ldots6} - \frac{x^8}{1.2\ldots8} + \ldots \text{etc.} = 1 - \cos x.$$

Si nous comparons la dernière valeur de $\int^n \cos x dx^n$ avec celle que nous avons obtenue avant, nous aurons

$$\cos x\left\{\frac{1}{n} - \frac{1}{1.2}\frac{x^2}{n+2} + \frac{1}{1.2.3.4} - \ldots\right\}$$
$$+ \sin x\left\{\frac{x}{n+1} - \frac{1}{1.2.3}\frac{x^3}{n+3} + \frac{1}{1.2\ldots5}\frac{x^5}{n+5} - \ldots\right\}$$
$$= \frac{1}{n} - \frac{x^2}{n(n+1)(n+2)} + \frac{x^4}{n(n+1)\ldots(n+4)} - \ldots \text{etc.}$$

De la même manière, si l'on suppose $R = \sin x$, on aura

$$\frac{dR}{dx} = \cos x, \quad \frac{d^2R}{dx^2} = -\sin x, \quad \frac{d^3R}{dx^3} = -\cos x, \quad \frac{d^4R}{dx^4} = \sin x \text{ etc.},$$

et

$$\int^n R dx^n = \int^n \sin x dx^n = \left\{\begin{array}{l} A^{(n)} + A^{(n-1)}x + A^{(n-2)}\frac{x^2}{1.2} + \ldots A'\frac{x^{n-1}}{1.2\ldots n-1} \\ + \frac{x^n \sin x}{1.2\ldots n} - \frac{n}{1}\frac{x^{n+1}\cos x}{1.2\ldots n+1} \\ - \frac{n(n+1)}{1.2}\frac{x^{n+2}\sin x}{1.2\ldots n+2} + \ldots \text{etc.,} \end{array}\right.$$

ou bien,

$$\int^n \sin x dx^n = \left\{\begin{array}{l} A^{(n)} + A^{(n-1)}x + A^{(n-2)}\frac{x^2}{1.2} + \ldots A'\frac{x^{n-1}}{1.2\ldots n-1} \\ + \sin x\left\{\frac{x^n}{1.2\ldots n} - \frac{n(n+1)}{1.2}\frac{x^{n+2}}{1.2\ldots n+2}\right. \\ \left. + \frac{n(n+1)(n+2)(n+3)}{1.2.3.4}\frac{x^{(n+4)}}{1.2\ldots(n+4)} - \ldots \text{etc.}\right\} \\ - \cos x\left\{\frac{n}{1}\frac{x^{n+1}}{1.2\ldots n+1} - \frac{n(n+1)(n+2)}{1.2.3}\frac{x^{n+3}}{1.2\ldots(n+3)}\right. \\ \left. + \frac{n(n+1)(n+2)(n+3)(n+4)}{1.2.3.4.5}\frac{x^{n+5}}{1.2\ldots(n+5)} - \text{etc.}\right\} \end{array}\right.$$

Si $n=1$, on verra bien que

$$\int \sin x dx = \begin{cases} A' + \left\{x - \frac{x^3}{1.2.3} + \frac{x^5}{1.2\ldots5} - \frac{x^7}{1.2\ldots7} + \ldots \text{etc.}\right\} \sin x \\ \quad - \left\{\frac{x^2}{1.2} - \frac{x^4}{1.2\ldots4} + \frac{x^6}{1.2\ldots6} - \frac{x^8}{1.2\ldots8} + \ldots \text{etc.}\right\} \cos x, \end{cases}$$

ou bien,

$$\int \sin x dx = 1 + A' - \cos x.$$

Comparons maintenant la dernière valeur de $\int^n \sin x dx^n$ avec celle que nous avons trouvée avant, nous aurons

$$\begin{aligned} &\left\{\frac{1}{n} - \frac{1}{1.2}\,\frac{x^2}{n+2} + \frac{1}{1.2.3.4}\,\frac{x^4}{n+4} - \ldots\right\} \sin x \\ &- \left\{\frac{x}{n+1} - \frac{1}{1.2.3}\,\frac{x^3}{n+3} + \frac{1}{1.2\ldots5}\,\frac{x^5}{n+5} - \ldots\right\} \cos x \\ &= \frac{x}{n(n+1)} - \frac{x^3}{n(n+1)(n+2)(n+3)} + \frac{x^5}{n(n+1)(n+2)(n+3)(n+4)(n+5)} - \ldots \end{aligned}$$

et nous avons reçu dernièrement,

$$\begin{aligned} &\left\{\frac{1}{n} + \frac{1}{1.2}\,\frac{x^2}{n+2} + \frac{1}{1.2.3.4}\,\frac{x^4}{n+4} - \ldots\right\} \cos x \\ &+ \left\{\frac{x}{n+1} - \frac{1}{1.2.3}\,\frac{x^3}{n+3} + \frac{1}{1.2\ldots5}\,\frac{x^5}{n+5} - \ldots\right\} \sin x \\ &= \frac{1}{n} - \frac{x^2}{n(n+1)(n+2)} + \frac{x^4}{n(n+1)(n+2)(n+3)(n+4)} - \ldots \text{etc.} \end{aligned}$$

De ces deux équations nous aurons encore celle-ci,

$$\begin{aligned} &\left\{\frac{1}{n} - \frac{x^2}{n(n+1)(n+2)} + \frac{x^4}{n(n+1)(n+2)(n+3)(n+4)} - \ldots\right\} \cos x \\ &+ \left\{\frac{x}{n(n+1)} - \frac{x^3}{n(n+1)(n+2)(n+3)} + \frac{x^5}{n(n+1)\ldots(n+5)} - \ldots\right\} \sin x \\ &= \frac{1}{n} - \frac{1}{1.2}\,\frac{x^2}{n+2} + \frac{1}{1.2.3.4}\,\frac{x^4}{n+4} - \ldots \text{etc.}, \end{aligned}$$

et

$$\begin{aligned} &\left\{\frac{1}{n} - \frac{x^2}{n(n+1)(n+2)} + \frac{x^4}{n(n+1)(n+2)(n+3)(n+4)} - \ldots\right\} \sin x \\ &- \left\{\frac{x}{n(n+1)} - \frac{x^3}{n(n+1)(n+2)(n+3)} + \frac{x^5}{n(n+1)\ldots(n+5)} - \ldots\right\} \cos x \\ &= \frac{x}{n+1} - \frac{1}{1.2.3}\,\frac{x^3}{n+3} + \frac{1}{1.2.3.4.5}\,\frac{x^5}{n+1} - \ldots \text{etc.} \end{aligned}$$

De cette manière, ayant supposé R une fonction quelconque de x, et ayant comparé les séries

$$\int^n R dx^n = \begin{cases} A^n + A^{(n-1)}x + A^{(n-2)}\frac{x^2}{1.2} + \ldots A' \frac{x^{n-1}}{1.2\ldots n-1} \\ + R\frac{x^n}{1.2\ldots n} - \frac{n}{1}\frac{dR}{dx}\frac{x^{n+1}}{1.2\ldots n+1} \\ + \frac{n(n+1)}{1.2}\frac{d^2R}{dx^2}\frac{x^{n+2}}{1.2\ldots n+2} - \ldots \text{etc.,} \end{cases}$$

et

$$\int^n R dx^n = \begin{cases} A^n + A^{n-1}x + A^{n-2}\frac{x^2}{1.2} + \ldots A' \frac{x^{n-1}}{1.2\ldots n-1} \\ + [R]\frac{x^n}{1.2\ldots n} + \left[\frac{dR}{dx}\right]\frac{x^{n+1}}{1.2\ldots(n+1)} \\ + \left[\frac{d^2R}{dx^2}\right]\frac{x^{n+2}}{1.2\ldots n+2} + \ldots \text{etc.,} \end{cases}$$

on aura, en général,

$$\left.\begin{array}{l} \{[R]-R\} + \left\{\left[\frac{dR}{dx}\right] + \frac{n}{1}\frac{dR}{dx}\right\}\frac{x}{n+1} \\ \quad + \left\{\left[\frac{d^2R}{dx^2}\right] - \frac{n(n+1)}{1.2}\frac{d^2R}{dx^2}\right\}\frac{x^2}{(n+1)(n+2)} + \ldots \end{array}\right\} = 0.$$

Reprenons la série générale (b),

$$\int^n R dx^n = \begin{cases} R\frac{x^n}{1.2\ldots n} - \frac{n}{1}\frac{dR}{dx}\frac{x^{n+1}}{1.2\ldots n+1} \\ \quad + \frac{n(n+1)(n+2)}{1.2.3}\frac{d^2R}{dx^2}\frac{x^{n+2}}{1.2\ldots n+2} - \ldots \text{etc.,} \end{cases}$$

où les quantités constantes arbitraires sont comprises dans le signe intégral; et supposons, dans cette dernière série, $R = XY$, où X et Y sont des fonctions de x, nous aurons

$$\int^n XY dx^n = \begin{cases} XY\frac{x^n}{1.2\ldots n} - \frac{n}{1}\frac{d(XY)}{dx}\frac{x^{n+1}}{1.2\ldots n+1} \\ \quad + \frac{n(n+1)}{1.2}\frac{d^2(XY)}{dx^2}\frac{x^{n+2}}{1.2\ldots n+2} - \ldots \text{etc.;} \end{cases}$$

donc

$$\int^n XY dx^n = \left\{ \begin{array}{l} XY \dfrac{x^n}{1.2\ldots n} - \dfrac{n}{1}\left(X\dfrac{dY}{dx} + Y\dfrac{dX}{dx}\right)\dfrac{x^{n+1}}{1.2\ldots n+1} \\ + \dfrac{n(n+1)}{1.2}\left(X\dfrac{d^2Y}{dx^2} + 2\dfrac{dX}{dx}\dfrac{dY}{dx} + Y\dfrac{d^2X}{dx^2}\right)\dfrac{x^{n+2}}{1.2\ldots n+2} - \ldots \text{etc.} \end{array}\right.$$

$$= \left\{ \begin{array}{l} \left\{ X \left\{ Y\dfrac{x^n}{1.2\ldots n} - \dfrac{n}{1}\dfrac{dY}{dx}\dfrac{x^{n+1}}{1.2\ldots n+1} + \dfrac{n(n+1)}{1.2}\dfrac{d^2Y}{dx^2}\dfrac{x^{n+2}}{1.2\ldots n+2} - \ldots \text{etc.}\right\} \right\} \\ - \dfrac{n}{1}\dfrac{dX}{dx}\left\{Y\dfrac{x^{n+1}}{1.2\ldots n+1} - \dfrac{(n+1)}{1}\dfrac{dY}{dx}\dfrac{x^{n+2}}{1.2\ldots n+2} + \dfrac{1.2}{(n+1)(n+2)}\dfrac{d^2Y}{dx^2}\dfrac{x^{n+3}}{1.2\ldots n+3} - \ldots \text{etc.}\right\} \\ + \dfrac{n(n+1)}{1.2}\dfrac{d^2X}{dx^2}\left\{Y\dfrac{x^{n+2}}{1.2\ldots n+2} - \dfrac{(n+2)}{1}\dfrac{dY}{dx}\dfrac{x^{n+3}}{1.2\ldots n+3} + \dfrac{(n+2)(n+3)}{1.2}\dfrac{d^2Y}{dx^2}\dfrac{x^{n+4}}{1.2\ldots n+4} - \ldots \text{etc.}\right\} \\ - \text{etc.}\,; \end{array}\right.$$

d'où il résulte

$$\int^n XY dx^n = \left\{ \begin{array}{l} X\int^n Y dx^n - \dfrac{n}{1}\dfrac{dX}{dx}\int^{n+1} Y dx^{n+1} \\ \qquad + \dfrac{n(n+1)}{1.2}\dfrac{d^2X}{dx^2}\int^{n+2} Y dx^{n+2} \\ \qquad - \dfrac{n(n+1)(n+2)}{1.2.3}\dfrac{d^3X}{dx^3}\int^{n+3} Y dx^{n+3} + \text{etc} \ldots (c) \end{array}\right.$$

De la même manière, on aura

$$\int^n XY dx^n = \left\{ \begin{array}{l} Y\int^n X dx^n - \dfrac{n}{1}\dfrac{dY}{dx}\int^{n+1} X dx^{n+1} \\ \qquad + \dfrac{n(n+1)}{1.2}\dfrac{d^2Y}{dx^2}\int^{n+2} X dx^{n+2} \\ \qquad - \dfrac{n(n+1)(n+2)}{1.2.3}\dfrac{d^3Y}{dx^3}\int^{n+3} X dx^{n+3} + \ldots \text{etc.} \end{array}\right.$$

De ces deux séries, lesquelles, proprement dit, n'en font qu'une seule, puisque, excepté la transposition des quantités X et Y, il n'y a aucune différence, on verra bien qu'une intégrale d'une fonction variable n'est que la différentielle de l'ordre négatif, c'est-à-dire, $\int^n R dx^n$ n'est que $\frac{d^{-n}R}{dx^{-n}}$. En effet, si dans la série connue

$$\frac{d^m(XY)}{dx^m} = \begin{cases} X\frac{d^mY}{dx^m} + \frac{m}{1}\frac{dX}{dx}\frac{d^{m-1}Y}{dx^{m-1}} \\ \quad + \frac{m(m+1)}{1.2}\frac{d^2X}{dx^2}\frac{d^{m-2}Y}{dx^{m-2}} - \ldots \text{etc.} \ldots (*) \end{cases}$$

on fait $m = -n$, on aura

$$\frac{d^{-m}(XY)}{dx^{-m}} = X\frac{d^{-n}Y}{dx^{-n}} - \frac{n}{1}\frac{dX}{dx}\frac{d^{-(n+1)}Y}{dx^{-(n+1)}} + \frac{n(n+1)}{1.2}\frac{d^2X}{dx^2}\frac{d^{-(n+2)}Y}{dx^{-(n+2)}} + \ldots \text{etc.};$$

ce qui est parfaitement analogue avec la série que nous avons trouvée dernièrement, c'est-à-dire

$$\int^n XYdx^n = \begin{cases} X\int^n Ydx^n - \frac{n}{1}\frac{dX}{dx}\int^{n+1}Ydx^{n+1} \\ \quad + \frac{n(n+1)}{1.2}\frac{d^2X}{dx^2}\int^{n+2}Ydx^{n+2} - \ldots \text{etc.} \end{cases}$$

Lagrange est le premier qui a reconnu cette série, par la même analogie que nous venons d'établir entre elle et celle de Leibnitz, et qui l'a donnée sans démonstration dans les Recueils de l'Académie de Berlin pour l'année 1772.

D'après la série (c) nous aurons

$$\int^n(X\int^mYdx^m)dx^n = \begin{cases} \int^mYdx^m.\int^nXdx^n - \frac{n}{1}\int^{m-1}Ydx^{m-1}.\int^{n+1}Xdx^{n+1} \\ + \frac{n(n+1)}{1.2}\int^{m-2}Ydx^{m-2}.\int^{n+2}Xdx^{n+2} - \ldots \text{etc.} \end{cases}$$

$$\int^{n+1}(X\int^{m-1}Ydx^{m-1})dx^{n+1} = \begin{cases} \int^{m-1}Ydx^{m-1}.\int^{n+1}Xdx^{n+1} - \ldots \\ - \frac{n+1}{1}.\int^{m-2}Ydx^{m-2}.\int^{n+2}Ydx^{n+2} + \ldots \text{etc.}, \end{cases}$$

$$\int^{n+2}(X\int^{m-2}Ydx^{m-2})dx^{n+2} = +\int^{m-2}Ydx^{m-2}.\int^{n+2}Ydx^{n+2} - \ldots \text{etc.};$$

nous aurons donc

$$\int^nX\,dx.\int^mYdx^m = \begin{cases} \int^n(X\int^mYdx^m)dx^n + \frac{n}{1}\int^{n+1}(X\int^{m-1}Ydx^{m-1})dx^{n+1} \\ + \frac{n(n+1)}{1.2}\int^{n+2}(X\int^{m-2}Ydx^{m-2})dx^{n+2} + \ldots \text{etc.} \end{cases}$$

(*) Cette série a été donnée, pour la première fois, par Leibnitz, dans le premier volume des *Miscelanea Berolinensea*.

SECONDE PARTIE.

Application des Méthodes précédentes à l'Intégration de diverses équations différentielles.

Nous commencerons par des cas bien simples, et d'abord nous intégrerons des équations différentielles du premier ordre; par exemple, celle-ci :

$$dy = \mathrm{X}dx + hydx,$$

où X est une fonction de x, et h une quantité constante. Nous aurons

$$y = \mathrm{A} + \int \mathrm{X}dx + \int hydx,$$
$$y = \mathrm{A} + \int \mathrm{X}dx + \int h\mathrm{A}dx + \int hdx \int \mathrm{X}dx + \int hdx \int hydx,$$
$$y = \mathrm{A} + \int \mathrm{X}dx + \int h\mathrm{A}dx + \int hdx \int \mathrm{X}dx + \int hdx \int h\mathrm{A}dx$$
$$+ \int hdx \int hdx \int \mathrm{X}dx + \int hdx \int hdx \int hydx,$$

et enfin

$$y = \mathrm{A} + \int h\mathrm{A}dx + \int hdx \int h\mathrm{A}dx + \int hdx \int hdx \int h\mathrm{A}dx + \ldots \text{ etc.}$$
$$+ \int \mathrm{X}dx + \int hdx \int \mathrm{X}dx + \int hdx \int hdx \int \mathrm{X}dx$$
$$+ \int hdx \int hdx \int hdx \int \mathrm{X}dx + \ldots \text{ etc.}$$

Comme A et h sont des quantités constantes, on aura

$$\int h\mathrm{A}dx = h\mathrm{A}\int dx = h\mathrm{A}x,$$
$$\int hdx \int h\mathrm{A}dx = h^2\mathrm{A}\int dx \int dx = h^2\mathrm{A}\frac{x^2}{1.2},$$
$$\int hdx \int hdx \int h\mathrm{A}dx = h^3\mathrm{A}\int dx \int dx \int dx = h^3\mathrm{A}\frac{x^3}{1.2.3};$$

et ainsi de suite; par conséquent

$$\mathrm{A} + \int h\mathrm{A}dx + \int hdx \int h\mathrm{A}dx + \int hdx \int hdx \int h\mathrm{A}dx + \ldots \text{ etc.},$$
$$= \mathrm{A}\left(1 + hx + \frac{h^2x^2}{1.2} + \frac{h^3x^3}{1.2.3} + \ldots \text{ etc.}\right) = \mathrm{A}e^{x},$$

donc

$$y = Ae^{hx} + \int Xdx + h\int^2 Xdx^2 + h^2\int^3 Xdx^3 + h^3\int^4 Xdx^4 + \ldots \text{etc.},$$

ou bien,

$$e^{-hx}y = A + e^{-hx}\int Xdx + he^{-hx}\int^2 Xdx^2 + h^2e^{-hx}\int^3 Xdx^3 + h^3e^{-hx}\int^4 Xdx^4 + \ldots \text{etc.}$$
$$= A + e^{-hx}\int Xdx - \frac{de^{-hx}}{dx}\int^2 Xdx^2 + \frac{d^2e^{-hx}}{dx^2}\int^3 Xdx^3 - \frac{d^3e^{-hx}}{dx^3}\int^4 Xdx^4 + \ldots \text{etc.};$$

et d'après la série (c), nous aurons enfin,

$$e^{-hx}y = A + \int Xe^{-hx}dx,$$

et

$$y = (A + \int Xe^{-hx}dx)e^{hx}.$$

Proposons maintenant d'intégrer cette autre équation différentielle,

$$dy = Xydx,$$

où X est une fonction quelconque de x; on aura

$$y = A + \int Xydx,$$
$$y = A + \int X(A + \int Xydx)dx = A + A\int Xdx + \int Xdx\int Xydx,$$
$$y = A + A\int Xdx + \int Xdx\int X(A + \int Xydx)dx = A + A\int Xdx + A\int Xdx\int Xdx + \int Xdx\int Xdx\int Xydx + \ldots \text{etc.};$$

et continuant toujours de cette manière, on aura enfin

$$y = A(1 + \int Xdx + \int Xdx\int Xdx + \int Xdx\int Xdx\int Xdx + \int Xdx\int Xdx\int Xdx\int Xdx + \ldots \text{etc.}).$$

La série (c) nous donnera

$$\int \overline{Xdx\int Xdx} = \int Xdx.\int Xdx - X\int^2 Xdx^2 + \frac{dX}{dx}\int^3 Xdx^3 - \frac{d^2X}{dx^2}\int^4 Xdx^4 + \ldots \text{etc.}$$
$$= \int Xdx.\int Xdx - \int \overline{Xdx.\int Xdx};$$

par conséquent, nous aurons cette équation

$$\int \overline{Xdx\int Xdx} = \frac{1}{1.2}(\int Xdx)^2.$$

$$\int \overline{Xdx\int \overline{Xdx\int Xdx}} = \int \overline{Xdx\int Xdx}.\int Xdx - X\int Xdx.\int^2 Xdx^2 + \frac{d(X\int Xdx)}{dx}\int^3 Xdx^3 - \ldots$$

$$= \int \overline{Xdx\int Xdx}.\int Xdx - \int \overline{Xdx\int Xdx.\int Xdx};$$

et comme

$$\int \overline{Xdx\int Xdx} = \frac{1}{1.2}(\int Xdx)^2,$$

on aura donc

$$\int \overline{Xdx\int \overline{Xdx\int Xdx}} = \frac{1}{1.2}(\int Xdx)^3 - 2\int \overline{Xdx\int \overline{Xdx\int Xdx}},$$

et

$$\int \overline{Xdx\int \overline{Xdx\int Xdx}} = \frac{1}{1.2.3}(\int Xdx)^3.$$

Ensuite

$$\int \overline{Xdx\int \overline{Xdx\int \overline{Xdx\int Xdx}}}$$

$$= \int \overline{Xdx\int \overline{Xdx\int Xdx}}.\int Xdx - X\int \overline{Xdx\int Xdx}.\int^2 Xdx^2 + \frac{d(X\int \overline{Xdx\int Xdx})}{dx}\int^3 Xdx^3 - \ldots \text{etc.}$$

$$= \int \overline{Xdx\int \overline{Xdx\int Xdx}}.\int Xdx - \int \overline{Xdx\int \overline{Xdx\int Xdx}.\int Xdx};$$

mais comme

$$\int \overline{Xdx\int \overline{Xdx\int Xdx}} = \frac{1}{1.2.3}(\int Xdx)^3$$

et

$$\int \overline{Xdx\int Xdx} = \frac{1}{1.2}(\int Xdx)^2,$$

nous aurons

$$\int \overline{Xdx\int \overline{Xdx\int \overline{Xdx\int Xdx}}} = \frac{1}{1.2.3}(\int Xdx)^4 - \frac{1}{1.2}\int \overline{Xdx(\int Xdx)^3};$$

ou, en substituant au lieu de $(\int Xdx)^3$, sa valeur

$$2.3\int \overline{Xdx\int \overline{Xdx\int Xdx}},$$

on aura enfin

$$\int\overline{\mathrm{X}dx\int\overline{\mathrm{X}dx\int\overline{\mathrm{X}dx\int\mathrm{X}dx}}}=\frac{1}{1.2.3}(\int\mathrm{X}dx)^4-3\int\overline{\mathrm{X}dx\int\overline{\mathrm{X}dx\int\overline{\mathrm{X}dx\int\mathrm{X}dx}}};$$

donc

$$\int\overline{\mathrm{X}dx\int\overline{\mathrm{X}dx\int\overline{\mathrm{X}dx\int\mathrm{X}dx}}}=\frac{1}{1.2.3.4}(\int\mathrm{X}dx)^4,$$

et ainsi de suite.

Après tout cela nous aurons

$$y=\mathrm{A}\{1+\int\mathrm{X}dx+\frac{1}{1.2}(\int\mathrm{X}dx)^2+\frac{1}{1.2.3}(\int\mathrm{X}dx)^3+\ldots\text{ etc.}\},$$

ce qui nous donne enfin

$$y=\mathrm{A}e^{\int\mathrm{X}dx}.$$

Arrivons maintenant à l'intégration d'une équation différentielle du second ordre

$$d^2y=\mathrm{X}dx^2+h^2ydx^2,$$

où X est une fonction de x et h^2 un facteur constant; alors, par le même procédé que nous avons employé précédemment, nous aurons

$$y=a+bx+\int^2\mathrm{X}dx^2+\int^2h^2ydx^2,$$
$$y=a+bx+\int^2\mathrm{X}dx^2+\int^2h^2adx^2+\int^2h^2bxdx^2$$
$$+\int^4h^2\mathrm{X}dx^4+\int^4h^4ydx^4\ (*),$$

et continuant toujours de substituer, au lieu de y, compris sous le signe intégral, sa valeur, nous aurons enfin

$$y=\begin{cases}a(1+\int^2h^2dx^2+\int^4h^4dx^4+\int^6h^6dx^6+\ldots\text{ etc.})\\ \quad+b(x+\int^2h^2xdx^2+\int^4h^4xdx^4+\int^6h^6xdx^6+\ldots\text{ etc.})\\ \quad+\int^2\mathrm{X}dx^2+\int^4h^2\mathrm{X}dx^4+\int^6h^4\mathrm{X}dx^6+\ldots\text{ etc.},\end{cases}$$

(*) Il faut remarquer toujours qu'ici, comme partout dans cet Ouvrage, $\int^n ydx^n$ représente $\int dx.\int dx.\int dx\ldots\int ydx$, où doivent être n signes intégrales; comme $\frac{d^ny}{dx^n}$ représente $\frac{1}{dx}d\frac{1}{dx}d\frac{1}{dx}\ldots d\frac{dy}{dx}$.

où a et b sont des quantités constantes arbitraires provenant de l'intégration; ayant remarqué que h est aussi une quantité constante, on aura

$$y = \begin{cases} a\left(1 + \frac{h^2x^2}{1.2} + \frac{h^4x^4}{1.2.3.4} + \frac{h^6x^6}{1\ 2 \ldots 6} + \ldots \text{etc.}\right) \\ + \frac{b}{h}\left(hx + \frac{h^3x^3}{1.2.3} + \frac{h^5x^5}{1.2 \ldots 5} + \frac{h^7x^7}{1.2 \ldots 7} + \ldots \text{etc.}\right) \\ + \int^2 X dx^2 + h^2\int^4 X dx^4 + h^4\int^6 X dx^6 + h^6\int^8 X dx^8 + \ldots \text{etc.}, \end{cases}$$

et par conséquent

$$y = \begin{cases} a \cos hx\sqrt{-1} + \frac{b}{h\sqrt{-1}} \sin hx\sqrt{-1} \\ + \int^2 X dx^2 + h^2\int^4 X dx^4 + h^4\int^6 X dx^6 + h^6\int^8 X dx^8 + \ldots \text{etc.} \end{cases}$$

Supposons

$$d^2z = \frac{dX}{dx}\, dx^2 + h^2 z dx^2,$$

et nous aurons de la même manière

$$z = \begin{cases} a' \cos hx\sqrt{-1} + \frac{b'}{h\sqrt{-1}} \sin hx\sqrt{-1} \\ + \int X dx + h^2\int^3 X dx^3 + h^4\int^5 X dx^5 + h^6\int^7 X dx^7 + \ldots \text{etc.}; \end{cases}$$

donc

$$z + hy = \begin{cases} (a' + ha) \cos hx\sqrt{-1} + \frac{b' + hb}{h\sqrt{-1}} \sin hx\sqrt{-1} \\ + \int X dx + h\int^2 X dx^2 + h^2\int^3 X dx^3 + h^3\int^4 X dx^4 \\ + h^4\int^5 X dx^5 + \ldots \text{etc.}, \end{cases}$$

ou bien

$$z + hy = \begin{cases} (a' + ha) \cos hx\sqrt{-1} + \frac{b' + hb}{h\sqrt{-1}} \sin hx\sqrt{-1} \\ + e^{hx}\{e^{-hx}\int X dx + he^{-hx}\int^2 X dx^2 + h^2e^{-hx}\int^3 X dx^3 \\ + h^3e^{-hx}\int^4 X dx^4 + \ldots \text{etc.}\}; \end{cases}$$

et comme

$$he^{-hx} = -\frac{de^{-hx}}{dx}, \quad h^2e^{-hx} = +\frac{d^2e^{-hx}}{dx^2}, \quad h^3e^{-hx} = -\frac{d^3e^{-hx}}{dx^3}, \ \ldots \text{etc.},$$

nous aurons

$$z+hy=\left\{\begin{array}{l}(a'+ha)\cos hx\sqrt{-1}+\dfrac{b'+hb}{h\sqrt{-1}}\sin hx\sqrt{-1}\\ +e^{hx}\{e^{-hx}\int Xdx-\dfrac{de^{-hx}}{dx}\int^2 Xdx^2\\ +\dfrac{d^2e^{-hx}}{dx^2}\int^3 Xdx^3-\ldots\text{ etc.}\},\end{array}\right.$$

par conséquent, d'après la série (c),

$$z+hy=(a'+ha)\cos hx\sqrt{-1}+\frac{b'+hb}{h\sqrt{-1}}\sin hx\sqrt{-1}+e^{hx}\int Xe^{-hx}dx.$$

On trouve pareillement

$$z-hy=\left\{\begin{array}{l}(a'-ha)\cos hx\sqrt{-1}+\dfrac{b'-hb}{h\sqrt{-1}}\sin hx\sqrt{-1}\\ +\int Xdx-h\int^2 Xdx^2+h^2\int^3 Xdx^3-h^3\int^4 Xdx^4+\ldots\text{ etc.},\end{array}\right.$$

ou bien

$$z-hy=\left\{\begin{array}{l}(a'-ha)\cos hx\sqrt{-1}+\dfrac{b'-hb}{h\sqrt{-1}}\sin hx\sqrt{-1}\\ +e^{-hx}\{e^{hx}\int Xdx-he^{hx}\int^2 Xdx^2\\ +h^2e^{hx}\int^3 Xdx^3-h^3e^{hx}\int^4 dx^4+\ldots\text{ etc.};\end{array}\right.$$

mais comme

$$he^{hx}=\frac{de^{hx}}{dx},\quad h^2e^{hx}=\frac{d^2e^{hx}}{dx^2},\quad h^3e^{hx}=\frac{d^3e^{hx}}{dx^3},\ \ldots\text{ etc.},$$

on aura

$$z-hy=\left\{\begin{array}{l}(a'-ha)\cos hx\sqrt{-1}+\dfrac{b'-hb}{h\sqrt{-1}}\sin hx\sqrt{-1}\\ +e^{-hx}\{e^{hx}\int Xdx-\dfrac{de^{hx}}{dx}\int^2 Xdx^2\\ +\dfrac{d^2e^{hx}}{dx^2}\int^3 Xdx^3-\dfrac{d^3e^{hx}}{dx^3}\int^4 Xdx^4+\ldots\text{ etc.}\};\end{array}\right.$$

donc

$$z-hy=(a'-ha)\cos hx\sqrt{-1}+\frac{b'-hb}{h\sqrt{-1}}\sin hx\sqrt{-1}+e^{-hx}\int Xe^{hx}dx.$$

Et ayant retranché cette dernière équation de celle qui donne plus haut la valeur de $z + hy$, nous avons

$$2hy = \begin{cases} 2ha \cos hx\sqrt{-1} + \dfrac{2hb}{h\sqrt{-1}} \sin hx\sqrt{-1} \\ \qquad + e^{hx}\int Xe^{-hx}dx - e^{-hx}\int Xe^{hx}dx\,; \end{cases}$$

d'où il résulte

$$y = \begin{cases} a \cos hx\sqrt{-1} + \dfrac{b}{h\sqrt{-1}} \sin hx\sqrt{-1} \\ \qquad + \dfrac{1}{2h}\left\{e^{hx}\int Xe^{-hx}dx - e^{-hx}\int Xe^{hx}dx\right\}, \end{cases}$$

ou bien

$$y = \begin{cases} a \cos hx\sqrt{-1} + \dfrac{b}{h\sqrt{-1}} \sin hx\sqrt{-1} \\ \qquad + \dfrac{(\int Xe^{-hx}dx)^2}{2hX}\,\dfrac{1}{dx}\,d\left\{\dfrac{\int Xe^{hx}dx}{\int Xe^{-hx}dx}\right\}. \end{cases}$$

Supposons encore

$$d^2z' = (\int Xdx + h^2z')dx^2,$$

et nous aurons

$$z' = \begin{cases} a'' \cos hx\sqrt{-1} + \dfrac{b''}{h\sqrt{-1}} \sin hx\sqrt{-1} \\ \quad + \int^3 Xdx^3 + h^2\int^5 Xdx^5 + h^3\int^7 Xdx^7 + h^4\int^9 Xdx^9 + \ldots \text{etc.}\,; \end{cases}$$

$$y + hz' = \begin{cases} (a + ha'') \cos hx\sqrt{-1} + \dfrac{b + hb''}{h\sqrt{-1}} \sin xh\sqrt{-1} \\ \quad + \int^2 Xdx^2 + h\int^3 Xdx^3 + h^2\int^4 Xdx^4 + h^3\int^5 Xdx^5 + \ldots \text{etc.}, \end{cases}$$

ou bien,

$$y + hz' = \left\{\begin{array}{l} (a + ha'') \cos hx\sqrt{-1} + \dfrac{b + hb''}{h\sqrt{-1}} \sin hx\sqrt{-1} \\ \quad + e^{hx}\{e^{-hx}\int^2 Xdx^2 + he^{-hx}\int^3 Xdx^3 + h^2e^{-hx}\int^4 Xdx^4 \\ \qquad + h^3e^{-hx}\int^5 Xdx^5 + \ldots \text{etc.}\} \end{array}\right\}$$

$$= \left\{\begin{array}{l} (a + ha'') \cos hx\sqrt{-1} + \dfrac{b + bh''}{h\sqrt{-1}} \sin hx\sqrt{-1} \\ \quad + e^{xh}\Big\{e^{-hx}\int^2 Xdx^2 - \dfrac{de^{-hx}}{dx}\int^3 Xdx^3 + \dfrac{d^2e^{-hx}}{dx^2}\int^4 Xdx^4 \\ \quad - \dfrac{d^3e^{-hx}}{dx^2}\int^5 Xdx^5 + \ldots \text{etc.}\,;\Big\} \end{array}\right\}$$

par conséquent,

$$y+hz'=\begin{cases}(a+ha'')\cos hx\sqrt{-1}+\dfrac{b+hb''}{h\sqrt{-1}}\sin hx\sqrt{-1}\\ +e^{hx}\int(e^{-hx}\int Xdx)dx.\end{cases}$$

De la même manière on aura

$$y-hz'=\begin{cases}(a-ha'')\cos hx\sqrt{-1}+\dfrac{b-hb''}{h\sqrt{-1}}\sin hx\sqrt{-1}\\ +e^{-hx}\int(e^{hx}\int Xdx)dx.\end{cases}$$

Après l'addition de ces deux équations, on aura enfin

$$y=\begin{cases}a\cos hx\sqrt{-1}+\dfrac{b}{h\sqrt{-1}}\sin hx\sqrt{-1}\\ \qquad +\frac{1}{2}\{e^{hx}\int(e^{-hx}\int Xdx)dx+e^{-hx}\int(e^{hx}\int Xdx)dx\}\end{cases}$$

$$=\begin{cases}a\cos hx\sqrt{-1}+\dfrac{b}{h\sqrt{-1}}\sin hx\sqrt{-1}\\ +\dfrac{1}{2\int Xdx}\,\dfrac{1}{dx}d\left\{\int(e^{hx}\int Xdx)dx\,.\int(e^{-hx}\int Xdx)dx.\right\}\end{cases}$$

Ainsi nous avons trouvé deux valeurs de y qui satisfont à l'équation différentielle,

$$d^2y=Xd^2+h^2ydx^2,$$

savoir :

$$y=\begin{cases}a\cos hx\sqrt{-1}+\dfrac{b}{h\sqrt{-1}}\sin hx\sqrt{-1}\\ \qquad +\frac{1}{2h}\{e^{hx}\int e^{-hx}Xdx-e^{-hx}\int e^{hx}Xdx\},\end{cases}$$

et

$$y=\begin{cases}a\cos hx\sqrt{-1}+\dfrac{b}{h\sqrt{-1}}\sin hx\sqrt{-1}\\ \qquad +\frac{1}{2}\{e^{hx}\int(e^{-hx}\int Xdx)dx+e^{-hx}\int(e^{hx}\int Xdx)dx\}.\end{cases}$$

Si l'on fait $h=0$, on aura de la seconde équation

$$y=\int\int Xdx^2+a+bx\,;$$

et si l'on fait $X = 0$, on aura

$$y = a \cos hx\sqrt{-1} + \frac{b}{h\sqrt{-1}} \sin hx\sqrt{-1},$$

car, les quantités constantes qui proviennent de l'intégration sont déjà tirées du signe intégral, on aura donc nécessairement

$$\int e^{hx} X dx, \quad \int e^{-hx} X dx,$$

et

$$\int \overline{e^{hx} dx \int X dx}, \quad \int \overline{e^{-h} dx \int X dx},$$

égales à zéro lorsque $X = 0$.

L'intégration serait plus difficile et plus compliquée si l'on se proposait celle de l'équation suivante,

$$\frac{d^2y}{dx^2} + M\frac{dy}{dx} + Ny = 0,$$

où M et N sont des fonctions de x. Heureusement elle se réduit dans une autre de cette forme,

$$\frac{d^2u}{dx^2} = Ru,$$

où R est une fonction de x. En effet, si dans l'équation précédente,

$$\frac{d^2y}{dx^2} + M\frac{dy}{dx} + Ny = 0,$$

nous faisons

$$M = \frac{2}{p}\frac{dp}{dx},$$

ou, ce qui est la même chose,

$$\log p = \tfrac{1}{2}\int M dx,$$

ou bien,

$$p = e^{\frac{1}{2}\int M dx},$$

nous aurons

$$p\frac{d^2y}{dx^2} + 2\frac{dp}{dx}\frac{dy}{dx} + Npy = 0,$$

et

$$p\frac{d^2y}{dx^2}+2\frac{dp}{dx}\frac{dy}{dx}+y\frac{d^2p}{dx^2}+Npy-y\frac{d^2p}{dx^2}=0\,;$$

ce qui nous donne

$$\frac{d^2py}{dx^2}+Npy-y\frac{d^2p}{dx^2}=0,$$

ou bien,

$$\frac{d^2py}{dx^2}=\left(\frac{1}{p}\frac{d^2p}{dx^2}-N\right)py\,;$$

mais comme nous avons fait

$$\frac{1}{p}\frac{dp}{dx}=\tfrac{1}{2}M,$$

et par conséquent,

$$\frac{1}{p}\frac{d^2p}{dx^2}-\frac{1}{p^2}\left(\frac{dp}{dx}\right)^2=\frac{1}{2}\frac{dM}{dx}\,;$$

et comme

$$\frac{1}{p^2}\left(\frac{dp}{dx}\right)^2=\tfrac{1}{4}M^2,$$

nous aurons donc

$$\frac{1}{p}\frac{d^2p}{dx^2}=\tfrac{1}{2}dM+\tfrac{1}{4}M^2,$$

et enfin,

$$\frac{d^2py}{dx^2}=\left\{\frac{d(\frac{1}{2}M)}{dx}+(\tfrac{1}{2}M)^2-N\right\}py,$$

ou bien,

$$d^2u=Rudx^2,$$

où

$$R=\frac{d\frac{1}{2}M}{dx}+(\tfrac{1}{2}M)^2-N,$$

et

$$u=py=ye^{\frac{1}{2}\int Mdx}.$$

Il est beaucoup plus facile d'intégrer la dernière équation que celle que nous avons proposée d'abord ; cependant ce n'est pas sans difficulté, lorsqu'il s'agit de l'intégrer dans toute la généralité, en supposant R une fonction quelconque de x. On verra même qu'il est impossible d'intégrer cette équation sous forme finie ; car elle est équivalente à l'équation de Riccati,

$$\frac{dv}{dx}+v^2=R,$$

où

$$v=\frac{1}{u}\frac{du}{dx};$$

mais il n'y a point de difficulté pour déduire la valeur de u en série infinie suivant les puissances de x.

Par le même procédé que nous avons employé auparavant, nous aurons

$$u=A+Bx+\int\int Rudx^2;$$

et, en substituant toujours au lieu de u sa valeur, nous aurons à la fin

$$u=A+Bx+\int^2R(A+Bx)dx+\int^2Rdx^2\int^2R(A+Bx)dx^2+\ldots\text{ etc.},$$

ou bien,

$$u=\left\{\begin{array}{l}A(1+\int R^2dx^1+\int^2Rdx^2\int^2Rdx^2+\int^2Rdx^2\int^2Rdx^2\int^2Rdx^2+\ldots\text{etc.})\\+B(x+\int^2Rxdx^2+\int^2Rdx^2\int^2Rxdx^2\\\quad+\int^2Rdx^2\int^2Rdx^2\int^2Rxdx^2+\ldots\text{etc.}),\end{array}\right.$$

et ayant fait

$$1+\int^2Rdx^2+\int^2Rdx^2\int^2Rdx^2+\int^2Rdx^2\int^2Rdx^2\int^2Rdx^2+\ldots\text{etc.}=\varphi,$$

et

$$x+\int^2Rxdx^2+\int^2Rdx^2\int^2Rxdx^2\int^2+\int^2Rdx^2\int^2Rdx^2\int^2Rxdx^2+\ldots\text{etc.}=\psi,$$

on aura

$$u=A\varphi+B\psi.$$

On verra facilement que φ et ψ sont des fonctions de x appartenantes aux équations

$$d^2\varphi=R\varphi,\quad d^2\psi=R\psi,$$

dans lesquelles les constantes arbitraires qui proviennent de l'intégration sont, dans la première,

$$A=1,\quad B=0,$$

dans la seconde,

$$A = 0, \quad B = 1.$$

Il nous sera de même aisé de voir que la moindre puissance de x dans la série pour $\int\int R dx^2$ est x^2, dans la série pour $\int\int R dx^2 \int\int R dx^2$ est x^4, dans la série pour $\int\int R dx^2 \int\int R dx^2 \int\int R dx^2$ est x^6, et ainsi de suite; de sorte qu'on peut mettre

$$\int\int R dx^2 = \lambda'' x^2, \quad \int\int R dx^2 \int\int R dx^2 = \lambda^{\text{IV}} x^4,$$
$$\int\int R dx^2 \int\int R dx^2 \int\int R dx^2 = \lambda^{\text{VI}} x^6, \ldots \text{etc.},$$

et

$$\varphi = 1 + \lambda'' x^2 + \lambda^{\text{IV}} x^4 + \lambda^{\text{VI}} x^6 + \ldots \text{etc.},$$

où λ'', λ^{IV}, λ^{VI}, etc. sont des fonctions de x.

Des équations

$$\lambda'' x^2 = \int\int R dx^2,$$
$$\lambda^{\text{IV}} x^4 = \int\int R dx^2 \int\int R dx^2 = \int\int R\lambda'' x^2 dx^2,$$
$$\lambda^{\text{VI}} x^6 = \int\int R dx^2 \int\int R dx^2 \int\int R dx^2 = \int\int R\lambda^{\text{IV}} x^4 dx^2,$$
etc.,

nous aurons, d'après les séries (b),

$$\lambda'' = \frac{1}{1.2} R - \frac{2}{1.2.3} \frac{dR}{dx} x + \frac{3}{1.2.3.4} \frac{d^2R}{dx^2} x^2 - \ldots \text{etc.};$$

et d'après les séries (c)

$$\lambda^{\text{IV}} = \frac{1}{3.4} R\lambda'' - \frac{2}{3.4.5} \frac{d(R\lambda'')}{dx} x + \frac{3}{3.4.5.6} \frac{d^2(R\lambda'')}{dx^2} x^2 - \ldots \text{etc.},$$
$$\lambda^{\text{VI}} = \frac{1}{5.6} R\lambda'' - \frac{2}{5.6.7} \frac{d(R\lambda^{\text{IV}})}{dx} x + \frac{3}{5.6.7.8} \frac{d^2(R\lambda^{\text{IV}})}{dx^2} x^2 - \ldots \text{etc.};$$

et en général

$$\lambda^{(2n)} = \left\{ \begin{array}{l} \frac{1}{(2n-1)n} R\lambda^{(2n-2)} - \frac{2}{(2n-1)\,2n(2n+1)} \frac{d(R\lambda^{(2n-2)})}{dx} x \\ + \frac{2}{(2n-1)\ldots(2n+2)} \frac{d^2(R\lambda^{(2n-2)})}{dx^2} x^2 - \ldots \text{etc.} \end{array} \right.$$

Ce qui nous fait voir que λ'' est une fonction de x de la même puissance, que R et λ^{IV}, λ^{VI}, λ^{VIII}, etc. sont des fonctions de x de la puissance double, triple, quatriple, etc., par rapport à R.

Quant à la série pour ψ, on voit bien que les plus petites puissances de x sont dans l'expression $\iint \text{R}xdx^2$, x^3; dans l'expression $\iint \text{R}dx^2 \iint \text{R}xdx^2$, x^5; dans l'expression $\iint \text{R}dx^2 \iint \text{R}dx^2 \iint \text{R}xdx^2$, x^7; etc., de manière qu'on peut faire

$$\iint \text{R}xdx^2 = \lambda''' x^3,\quad \iint \text{R}dx^2 \iint \text{R}xdx^2 = \lambda^{\text{v}} x^5,$$
$$\iint \text{R}dx^2 \iint \text{R}dx^2 \iint \text{R}xdx^n = \lambda^{\text{VII}} x^7, \text{ etc.}$$

et

$$\psi = x + \lambda''' x^3 + \lambda^{\text{v}} x^3 + \lambda^{\text{VII}} x^7 + \ldots \text{ etc.}$$

Des équations

$$\begin{aligned}
\lambda''' x^3 &= \iint \text{R}xdx^2,\\
\lambda^{\text{v}} x^5 &= \iint \text{R}dx^2 \iint \text{R}xdx^2 = \iint \text{R}\lambda''' x^3 dx^2,\\
\lambda^{\text{VI}} x^7 &= \iint \text{R}dx^2 \iint \text{R}dx^2 \iint \text{R}xdx^2 = \iint \text{R}\lambda^{\text{v}} x^5 dx^2,\\
&\text{etc.},
\end{aligned}$$

on aura, d'après les séries (c),

$$\lambda''' = \frac{1}{2.3}\text{R} - \frac{2}{2.3.4}\frac{d\text{R}}{dx}x + \frac{3}{2.3.4.5}\frac{d^2\text{R}}{dx^2}x^2 - \ldots \text{ etc.},$$
$$\lambda^{\text{IV}} = \frac{1}{4.5}\text{R}\lambda''' - \frac{2}{4.5.6}\frac{d(\text{R}\lambda''')}{dx}x + \frac{3}{4.5.6.7}\frac{d^2(\text{R}\lambda''')}{dx^2}x^2 - \ldots \text{ etc.},$$
$$\lambda^{\text{VI}} = \frac{1}{6.7}\text{R}\lambda^{\text{v}} - \frac{2}{6.7.8}\frac{d(\text{R}\lambda^{\text{v}})}{dx}x + \frac{3}{6.7.8.9}\frac{d^2(\text{R}\lambda^{\text{v}})}{dx^2}x^2 - \ldots \text{ etc.};$$

et, en général,

$$\lambda^{(2n+1)} = \left\{ \begin{aligned} &\frac{1}{2n(2n+1)}\text{R}\lambda^{2n-1} - \frac{2}{2n(2n+1)(2n+2)}\frac{d(\text{R}\lambda^{2n-1})}{dx}x \\ &+ \frac{3}{2n\ldots(2n+3)}\frac{d^2(\text{R}\lambda^{2n-1})}{dx^2}x^2 - \ldots \text{ etc.} \end{aligned} \right.$$

On verra, comme plus haut, que λ''' est une fonction de x de la même puissance que R, et que λ^{v}, λ^{VII}, etc. sont des fonctions de la même variable de la puissance double, triple, etc. par rapport à R.

Si, dans les séries

$$\lambda'' = \frac{1}{1.2}\,\mathrm{R} - \frac{3}{1.2.3}\frac{d\mathrm{R}}{dx}x + \frac{3}{1.2.3.4}\frac{d^2\mathrm{R}}{dx^2}x^2 - \ldots \text{ etc.},$$

$$\lambda''' = \frac{1}{2.3}\,\mathrm{R} - \frac{2}{2.3.4}\frac{d\mathrm{R}}{dx}x + \frac{3}{2.3.4.5}\frac{d^2\mathrm{R}}{dx^2}x^2 - \ldots \text{ etc.},$$

$$\lambda^{\text{IV}} = \frac{1}{3.4}\,\mathrm{R}\lambda'' - \frac{2}{3.4.5}\frac{d(\mathrm{R}\lambda'')}{dx}x + \frac{3}{3.4.5.6}\frac{d^2(\mathrm{R}\lambda'')}{dx^2}x^2 - \ldots \text{ etc.},$$

$$\lambda^{\text{V}} = \frac{1}{4.5}\,\mathrm{R}\lambda''' - \frac{2}{4.5.6}\frac{d(\mathrm{R}\lambda''')}{dx}x + \frac{3}{4.5.6.7}\frac{d^2(\mathrm{R}\lambda''')}{dx^2}x^2 - \ldots \text{ etc.};$$

et en général

$$\lambda^{(n)} = \left\{ \begin{array}{l} \frac{1}{(n-1)n}\,\mathrm{R}\lambda^{(n-2)} - \frac{2}{(n-1)\,n(n+1)}\frac{d(\mathrm{R}\lambda^{n-2})}{dx}x \\ + \frac{3}{(n-1)\,n(n+1)\,(n+1)}\frac{d^2(\mathrm{R}\lambda^{n-2})}{dx^2}x^2 - \ldots \text{ etc.}, \end{array} \right. \qquad \text{(A)}$$

on substitue, au lieu de

$$\mathrm{R},\quad \frac{d\mathrm{R}}{dx},\quad \frac{d^2\mathrm{R}}{dx^2},\ \text{etc.},$$

$$\mathrm{R}\lambda'',\quad \frac{d(\mathrm{R}\lambda'')}{dx},\quad \frac{d^2(\mathrm{R}\lambda'')}{dx^2},\ \text{etc.},$$

$$\mathrm{R}\lambda''',\quad \frac{d(\mathrm{R}\lambda''')}{dx},\quad \frac{d^2\mathrm{R}\lambda'''}{dx^2},\ \text{etc., etc.},$$

leurs valeurs données par la série de Taylor,

$$\mathrm{R} = [\mathrm{R}] + \left[\frac{d\mathrm{R}}{dx}\right]x + \left[\frac{d^2\mathrm{R}}{dx^2}\right]\frac{x^2}{1.2} + \ldots \text{ etc.},$$

on aura

$$\lambda'' = \frac{1}{1.2}[\mathrm{R}] + \frac{1}{2.3}\left[\frac{d\mathrm{R}}{dx}\right]x + \frac{1}{3.4}\left[\frac{d^2\mathrm{R}}{dx^2}\right]\frac{x^2}{1.2} + \ldots \text{ etc.},$$

$$\lambda''' = \frac{1}{2.3}[\mathrm{R}] + \frac{1}{3.4}\left[\frac{d\mathrm{R}}{dx}\right]x + \frac{1}{4.5}\left[\frac{d^2\mathrm{R}}{dx^2}\right]\frac{x^2}{1.2} + \ldots \text{ etc.},$$

$$\lambda^{\text{IV}} = \frac{1}{3.4}[\mathrm{R}\lambda''] + \frac{1}{4.5}\left[\frac{d\mathrm{R}\lambda''}{dx}\right]x + \frac{1}{5.6}\left[\frac{d^2\mathrm{R}\lambda''}{dx^2}\right]\frac{x^2}{1.2} + \ldots \text{ etc.},$$

$$\lambda^{\text{V}} = \frac{1}{4.5}[\mathrm{R}\lambda'''] + \frac{1}{5.6}\left[\frac{d\mathrm{R}\lambda'''}{dx}\right]x + \frac{1}{6.7}\left[\frac{d^2\mathrm{R}\lambda'''}{dx^2}\right]\frac{x^2}{1.2} + \ldots \text{ etc.};$$

5..

et, en général,

$$\lambda^{(n)} = \begin{cases} \frac{1}{(n-1)n}[R\lambda^{n-2}] + \frac{1}{n(n+1)}\left[\frac{dR\lambda^{n-2}}{dx}\right]x \\ \qquad + \frac{1}{(n+1)(n+2)}\left[\frac{d^2R\lambda^{n-2}}{dx^2}\right]\frac{x^2}{1.2} + \ldots \text{etc.} \ldots \text{(B)} \end{cases}$$

Prenons pour exemple l'intégration de cette équation,

$$\frac{d^2u}{dx^2} = Ru,$$

quand R est une quantité constante, alors nous aurons

$$u = A\varphi + B\psi,$$

où

$$\varphi = 1 + \lambda''x^2 + \lambda^{\text{IV}}x^4 + \lambda^{\text{VI}}x^6 + \ldots \text{ etc.},$$

$$\psi = x + \lambda'''x^3 + \lambda^{\text{V}}x^5 + \lambda^{\text{VII}}x^7 + \ldots \text{ etc.};$$

et ayant considéré R comme une quantité constante d'après les séries (A) et (B), nous aurons

$$\lambda'' = \frac{R}{1.2}, \qquad \lambda''' = \frac{R}{1.2.3},$$

$$\lambda^{\text{IV}} = \frac{R^2}{1.2.3.4}, \qquad \lambda^{\text{V}} = \frac{R^2}{1.2.3.4.5},$$

$$\lambda^{\text{VI}} = \frac{R^3}{1.2.3.4.5.6}, \qquad \lambda^{\text{VII}} = \frac{R^3}{1.2.3.4.5.6.7},$$

etc., etc.;

et par conséquent,

$$\varphi = 1 + \frac{Rx^2}{1.2} + \frac{R^2x^4}{1.2.3.4} + \frac{R^3x^6}{1.2\ldots6} + \ldots \text{ etc.},$$

$$\psi = x + \frac{Rx^3}{1.2.3} + \frac{R^2x^5}{1.2.3.4.5} + \frac{R^3x^7}{1.2\ldots7} + \ldots \text{ etc.},$$

ou bien,

$$\varphi = 1 - \frac{(x\sqrt{-R})^2}{1.2} + \frac{(x\sqrt{-R})^4}{1.2.3.4} - \frac{(x\sqrt{-R})^6}{1.2\ldots6} + \ldots \text{ etc.},$$

$$\psi = \frac{1}{\sqrt{-R}}\left\{x\sqrt{-R} - \frac{(x\sqrt{-R})^3}{1.2.3} + \frac{(x\sqrt{-R})^5}{1.2\ldots5} - \ldots \text{etc.};\right\}$$

c'est-à-dire,

$$\varphi = \cos(x\sqrt{-R}), \quad \psi = \frac{\sin(x\sqrt{-R})}{\sqrt{-R}};$$

d'où il résulte

$$u = A\cos(x\sqrt{-R}) + \frac{B}{\sqrt{-R}}\sin(x\sqrt{-R}),$$

comme nous avons trouvé plus haut.

On peut, par cette méthode, intégrer aussi facilement les équations différentielles qui contiennent plusieurs variables. Pour en donner la preuve, nous allons faire l'intégration des cas les plus simples. Commençons par intégrer l'équation suivante,

$$\frac{du}{dx} = y\frac{dz}{dx} + z\frac{dy}{dx},$$

alors nous aurons

$$u = \text{const.} + \int y\frac{dz}{dx}.dx + \int z\frac{dy}{dx}.dx,$$

et d'après la série (c),

$$u = \begin{cases} \text{const.} + yz - \frac{dy}{dx}\int zdx + \frac{d^2y}{dx^2}\int^2 zdx^2 - \frac{d^3y}{dx^3}\int^3 zdx^3 + \ldots \text{etc.} \\ \qquad + \frac{dy}{dx}\int zdx - \frac{d^2y}{dx^2}\int^2 zdx^2 + \frac{d^3y}{dx^3}\int^3 zdx^3 - \ldots \text{etc.}; \end{cases}$$

par conséquent,

$$u = \text{const.} + yz.$$

L'équation différentielle du second ordre

$$\frac{d^2u}{dx^2} = y\frac{d^2z}{dx^2} + 2\frac{dy}{dx}\frac{dz}{dx} + z\frac{d^2z}{dx^2}$$

peut être intégrée de la manière suivante :

$$u = A + Bx + \int^2 y\frac{d^2z}{dx^2}.dx^2 + 2\int^2\frac{dy}{dx}\frac{dz}{dx}.dx^2 + \int^2 z\frac{d^2y}{dx^2}.dx^2;$$

et, d'après la série (c),

$$u = \left\{\begin{aligned} & A + Bx + yz - 2\frac{dy}{dx}\int zdx + 3\,\frac{d^2y}{dx^2}\int^2 zdx^2 - 4\frac{d^3y}{dx^3}\int^3 zdx^3 + \ldots \\ & \qquad + 2\frac{dy}{dx}\int zdx - 2.2\,\frac{d^2y}{dx^2}\int^2 zdx^2 + 2.3\frac{d^3y}{dx^3}\int^3 zdx^3 + \ldots \\ & \qquad\qquad + \frac{d^2y}{dx^2}\int^2 zdx^2 - 2\,\frac{d^3y}{dx^3}\int^3 zdx^3 + \ldots \end{aligned}\right.$$

Et, en général, en intégrant l'équation différentielle

$$\frac{d^n u}{dx^n} = y\,\frac{d^n z}{dx^n} + n\,\frac{dy}{dx}\,\frac{d^{n-1}z}{dx^{n-1}} + \frac{n(n-1)}{1.2}\,\frac{d^2y}{dx^2}\,\frac{d^{n-2}z}{dx^{n-2}} + \ldots \text{ etc.},$$

nous obtiendrons

$$u = \left\{\begin{aligned} & A^{(n)} + A^{(n-1)}x + A^{(n-2)}x^2 + \ldots\ldots A'x^{n-1} \\ & \qquad + \int^n y\,\frac{d^n z}{dx^n}.dx^n + n\int^n \frac{dy}{dx}\,\frac{d^{n-1}z}{dx^{n-1}}.dx^n \\ & \qquad + \frac{n(n-1)}{1.2}\int^n \frac{d^2y}{dx^2}\,\frac{d^{n-2}x}{dx^{n-2}}.dx^n + \ldots \text{ etc.}, \end{aligned}\right.$$

où A^n, $A^{(n-1)}$, $A^{(n-2)}$, etc., sont des quantités constantes arbitraires; et, d'après la série (c), on aura

$$u = \left\{\begin{aligned} & A^{(n)} + A^{(n-1)}x + A^{(n-2)}x^2 + \ldots\ldots A'x^{n-1} \\ & \quad + yz - n\frac{dy}{dx}\int zdx + \frac{n(n+1)}{1.2}\,\frac{d^2y}{dx^2}\int^2 zdx^2 - \ldots \text{ etc.} \\ & \qquad + n\,\frac{dy}{dx}\int zdx - n.n\,\frac{d^2y}{dx^2}\int^2 zdx^2 + \ldots \text{ etc.} \\ & \qquad\qquad + \frac{n(n-1)}{1.2}\,\frac{d^2y}{dx^2}\int^2 zdx^2 - \ldots \text{ etc.} \\ & \qquad\qquad\qquad + \ldots \text{ etc.}; \end{aligned}\right.$$

et enfin

$$u = A^{(n)} + A^{(n-1)}x + A^{(n-2)}x^2 + \ldots A'x^{n-1} + yz;$$

car,

$$n - n = 0,$$

$$\frac{n(n+1)}{1.2} - n.n + \frac{n(n-1)}{1.2} = 0,$$

$$\frac{n(n+1)(n+2)}{1.2.3} - \frac{n}{1}\,\frac{n(n+1)}{1.2} + \frac{n(n-1)}{1.2}\,\frac{n}{1} - \frac{n(n-1)(n-2)}{1.2.3} = 0,$$

et, en général,

$$\left.\begin{array}{l}\dfrac{n(n+1)(n+2)\ldots(n+m)}{1.2.3\ldots\ldots(m+1)}-\dfrac{n}{1}\,\dfrac{n(n+1)(n+2)\ldots(n+m-1)}{1.2.3\ldots\ldots\ldots m}\\ +\dfrac{n(n-1)}{1.2}\,\dfrac{n(n+1)\ldots(n+m-2)}{1.2.3\ldots\ldots m-1}\\ -\dfrac{n(n-1)(n-2)}{1.2.3}\,\dfrac{n(n+1)\ldots(n+m-3)}{1.2.3\ldots\ldots m-2}+\ldots\text{ etc.}\end{array}\right\}=0.$$

FIN.

www.ingramcontent.com/pod-product-compliance
Ingram Content Group UK Ltd.
Pitfield, Milton Keynes, MK11 3LW, UK
UKHW021120230726
13926UKWH00002B/574

9 782016 179352